O R I E N T A L

BRONZE THERAPY
PRACTICE

저자약력

박해련
김포대학교 뷰티아트과 교수
국제 브론즈 테라피 협회 수석부회장

윤희경
김포대학교 뷰티아트과 교수
국제 브론즈 테라피 협회 부회장

이명진
안동과학대학교 뷰티아트과 교수
국제 브론즈 테라피 협회 회장

한미라
수성대학교 피부건강관리과 교수

오리엔탈 브론즈 테라피 실무
Oriental Bronze Therapy Practice

초판 인쇄 2025년 6월 20일
초판 발행 2025년 6월 30일

| 저 자 | 박해련 윤희경 이명진 한미라
| 발 행 인 | 조규백
| 발 행 처 | 도서출판 구민사
(07293) 서울특별시 영등포구 문래북로 116, 604호(문래동3가 46, 트리플렉스)
| 전 화 | (02) 701-7421
| 팩 스 | (02) 3273-9642
| 홈 페 이 지 | www.kuhminsa.co.kr
| 신 고 번 호 | 제 2012-000055호(1980년 2월 4일)
| I S B N | 979-11-6875-567-3 (93590)

| 정 가 | 28,000원

오리엔탈
브론즈 테라피 실무

Oriental Bronze Therapy Practice

머리말

21세기 현대인들은 수많은 자극에 노출된 채 살아가고 있습니다. 이러한 환경 속에서 발생하는 스트레스와 심리적 부담을 해소하기 위해, 현대인들은 자연 친화적이면서도 보다 안정적이고 편안함을 추구할 수 있는 내·외적 건강 관리에 높은 관심을 보이고 있습니다. 이에 본 저자들은 현대인들의 니즈와 다양한 트렌드를 반영하여, 건강한 아름다움을 추구할 수 있는 자연 친화적인 브론즈(Bronze, 청동)를 활용한 응용 테라피를 소개하고자 합니다.

브론즈는 고대 이집트부터 현대에 이르기까지, 화학 약품이 발명되기 이전 시대부터 일상생활 속에서 치료 목적으로 활용되어 왔습니다. 기원전 400년경, 의학의 아버지 히포크라테스는 브론즈를 사용해 인체의 균형과 건강을 유지하고 다양한 질병을 치료한 것으로 알려져 있습니다.

우리 선조들은 독성이 없고 자연 친화적인 브론즈를 방짜유기로 활용해 왔습니다. 이에 본 저자들은 선조들의 지혜에 현대 과학을 접목하여 새로운 형태의 브론즈 도구를 개발하였으며, 이를 통해 응용 테라피 기법 중 하나인 '브론즈 테라피(Bronze Therapy)'를 고안하게 되었습니다.

브론즈 도구를 이용하여 인체 조직에 매뉴얼 테크닉(수기요법)을 적용하면, 혈액순환을 촉진하고 근육을 이완시키며, 브론즈 특유의 항균 작용으로 인해 디톡스 효과를 유도하여 몸과 마음의 균형을 회복시키고 건강 증진에 기여할 수 있습니다.

본 저서는 국내 최초로 출간되는 브론즈 테라피 실무 교재로서, 브론즈 테라피에 대한 포괄적인 지식과 실제 활용 기술을 제공합니다. 브론즈 테라피의 기본 개념과 사용법 등 여러 요소를 체계적으로 정리하였으며, 특히 피부미용과의 융합을 통해 실무 현장에서 적용 가능한 다양한 브론즈 테라피 테크닉을 이해하기 쉽게 설명하고자 하였습니다.

또한, 현대 트렌드를 반영한 차별화된 기법들을 구체적으로 소개하여 실무에 바로 적용할 수 있도록 구성하였습니다. 이 책을 통해 독자들은 브론즈 테라피의 원리와 효과에 대한 이해를 높이고, 실제 임상에서 활용 가능한 지식과 기술을 습득하여 응용 능력을 키울 수 있을 것입니다.

마지막으로 이 교재가 브론즈 테라피에 대한 열정과 관심을 불러일으키는 계기가 되고, 전문성 향상에 도움을 주어 독자 여러분이 전문적인 브론즈 테라피스트로 성장하는 데 든든한 토대가 되기를 진심으로 바랍니다. 그리고 이 책의 출판을 위해 도움을 주신 도서출판 구민사 조규백 대표님과 직원분들께 감사를 드립니다.

차례 CONTENTS

PART 01

브론즈 테라피의 개요

PART 01 브론즈 테라피의 개요

PART 02

인체의 이해

PART 02 인체의 이해

PART 03

브론즈 도구의 이해

PART 03 브론즈 도구의 이해

PART 04

브론즈 테라피의 적용 방법

PART 04 브론즈 테라피의 적용 방법

PART 05

브론즈 테라피 실전 테크닉

PART 05 브론즈 테라피 실전 테크닉

PART 01

브론즈 테라피의 개요

Oriental

Bronze Therapy

Practice

PART 01

브론즈 테라피의 개요

1 브론즈 테라피의 정의

브론즈 테라피는 브론즈(Bronze: 청동)와 치유의 뜻인 테라피(Therapy: 치료, 요법)의 합성어로 브론즈 테라피(Bronze Therapy)라고 한다.

브론즈 테라피는 청동으로 만든 도구를 이용하여 인체의 혈액순환을 촉진시키고 근육을 이완시키며 항균작용으로 인체의 디톡스 효과를 주는 특수 기법 중 하나로 자연치유 마사지 요법이다. 고대의 지혜와 현대의 과학이 만나 탄생한 오리엔탈 응용테라피이다.

2 브론즈(청동)의 기원 및 역사

청동(青銅)은 보통 전통적인 구리와 주석의 합금을 의미하나 넓게는 구리를 주성분으로 해서 금속을 합금한 동합금들을 가리키는 의미로도 사용된다. 구리는 기원전 9000년경 중동에서 처음 발견된 것으로 추정되며, 비교적 반응성이 낮아 자연에 존재하는 금속 원소 중 제련 없이 바로 사용 가능한 순수한 형태로 존재하는 흔치 않은 금속 중 하나이다.

기원전 8세기경부터 인류에 의해 사용되기 시작했으며 기원전 3세기 경에 사용된 구리는 주석과의 합금인 청동의 형태로 청동기 시대를 열기도 했다. 청동기 시대에 원소는 인간에게 가장 중요한 재료 중 하나였다.

구리(Copper)의 라틴어 이름은 'cuprum'으로, 이는 키프로스 섬에서 대량으로 채굴된 것에서 유래한다. 구리는 또한 다양한 합금으로 존재하는데 구리/주석 합금인 청동, 구리/아연 합금인 황동, 구리/니켈 합금인 백동 등이 대표적이다.

청동

황동

백동

우리 선조들이 사용하던 놋그릇의 첫 사용 기록은 신라 시대 때부터 사용되었으며, 신라 시대의 궁 안에 '철유전'이라는 상설기구가 들어서고, 전문적으로 놋그릇을 다루기 시작했다는 기록이 있다.

고려와 조선시대에는 신라시대보다 그 기술이 발전하여 생활용기로 확대되어 생산되었고, 화폐, 금속활자, 각종 악기에도 사용되기 시작했다. 전통적으로 내려오는 놋그릇의 제작 방식을 단조라고 불렀으며, 이 방식은 구리와 주석 합금으로 괴를 만든 다음 불에 달구면서 망치나 메로 쳐 모양을 잡는 방법을 말한다. 단조로 만든 제품은 무독 무해한 성질을 가져 예로부터 식기류로 사랑받아왔다.

그중에서도 가장 질 좋은 '방짜유기'는 구리 78%에 주석 22%를 정확히 합금하여 만든 것을 말한다. 놋그릇이 임금님 수라상에도 올랐던

이유는 바로 독극물을 탐지할 수 있는 똑똑한 그릇이었기 때문이며 음식이 상한 경우에도 음식에서 나오는 독성을 탐지하며, 농산물에 남아있는 잔류 농약 성분도 놋그릇으로 알 수 있었다.

또한 우리 조상들은 미나리에 붙어 처치 곤란한 거머리를 놋수저로 물리쳤다고 한다. 놋그릇의 주요 성분인 구리는 이러한 세균 박멸 효과가 오늘날 여러 실험 결과 과학적으로도 증명되었으며, 특히 식중독균인 O-157균을 박멸하는 효능을 가지고 있음이 밝혀졌다. 이러한 점을 활용하여 코로나 바이러스 예방을 위해 항균 필름으로 만들어져 병원이나 엘리베이터 등에서 쓰이고 있다.

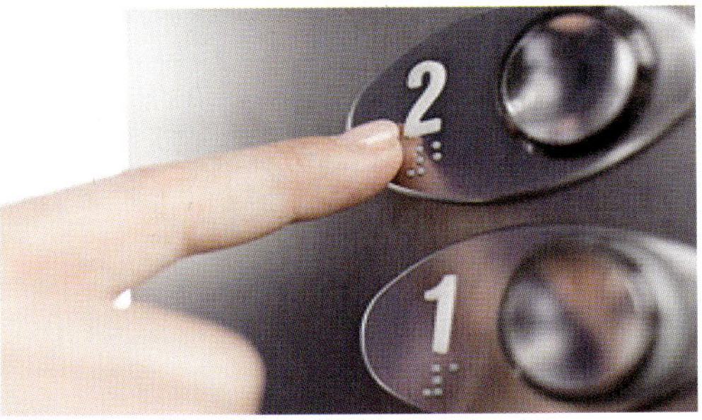

기원전 5000년, 고대 이집트 파피루스(기원전 2400년경)로 알려진 의학 문헌에 구리를 사용해 식수를 살균하고 상처를 소독했다는 기록이 있다. 에버 파피루스(기원전 1500년경)로 알려진 또 다른 문헌은 두통, 사지의 떨림, 화상 및 가려움증에 구리를 사용하라고 언급했다. 그리스인들은 열린 상처에 산화구리와 황산구리가루를 뿌리고 꿀과 붉은 구리 산화물의 혼합물로 상처를 치료했다.

이집트에서 구리 사용은 하나님과 여신의 상을 조각하는 데 사용되었으며, 미를 위해 안티몬과 같은 물질을 아이라이너로 사용했는데, 이것은 눈병을 예방하는 데 도움이 되었다고 하며, 이 화장품들이 방부제 역할까지 했다.

연구에 따르면 고대 이집트인들은 시체를 매장할 때 화장품을 발라 방부 효과를 높였는데 이 화장품은 박테리아 성장을 억제하여 더 오래 보존되도록 한 것은 사후 세계에 대한 신념 때문이었다.

이집트인들이 사용한 화장품의 주성분 중 하나는 말라카이트로 이 녹색 광물은 강력한 산화 구리를 포함하고 있으며 밝은 녹색 색조로 인해 화장품으로도 인기가 있었다.

이는 단순히 외모만 가꾸는 것이 아닌 신성한 의식에서 중요한 역할을 하는 다목적 도구로 사용되었다.

서양 의학의 아버지인 히포크라테스는 이미 기원전 400년쯤 정맥류에 의한 다리 궤양에 구리를 쓸 것을 권장했고, 고대 인도와 페르시아에서는 구리를 폐 질환 치료에 사용했으며, 고대 그리스인과 로마인,

아즈텍인 등도 공중 보건과 치료에 구리를 활용하였다.

19세기 구리가 현대 면역계에서 구리의 역할에 대한 최초의 기록은 1832년 파리의 콜레라 전염병 기간 동안 구리 노동자가 콜레라에 면역되었다고 보고된 자료가 1867년에 발표되었다.

1939년 독일의 의사 베르너 행카터(Werner Hangarter)는 핀란드 구리 광부들이 광산 산업에서 일하는 한 관절염의 영향을 받지 않는 것을 발견하였다. 구리를 보석으로 피부에 직접 착용하여 관절염을 포함한 많은 질병의 치료제로 100년 이상 사용되었다. 구리의 결핍은 인체에 흰머리, 피부 주름, 까마귀 발, 정맥류 및 피부 처짐이 발생할 수 있다. 최근에는 피부의 탄력 있는 섬유질을 개선하고 피부 유연성을 높이며 주름 방지 치료제로, 구리의 놀라운 치유력이 인류 역사 전반에 걸쳐 사용되고 있다.

3 브론즈(청동)의 특성과 활용

브론즈 테라피에 사용되는 브론즈 도구의 주 소재인 구리는 자연동으로서 자연적으로 생성되며, 원소 기호 Cu와 원자번호 29를 가진 금속 원소이다.

구리는 다양한 물리적, 화학적 특성 외에 사람의 몸에서도 철과 함께 중요한 미네랄로 작용하며, 적혈구 생성 및 철 흡수 과정에 필수적인 요소다. 또한 구리는 항산화 효소의 중요한 구성 요소로, 세포 손상을 방지하고 면역 시스템 강화에 기여한다.

구리의 특성은 매우 다재다능한데, 특히 전도성과 연성이 뛰어나 전선, 배선, 전자기기, 건축 자재 등에 널리 사용되며 특히 건축 자재로도 인기가 높다.

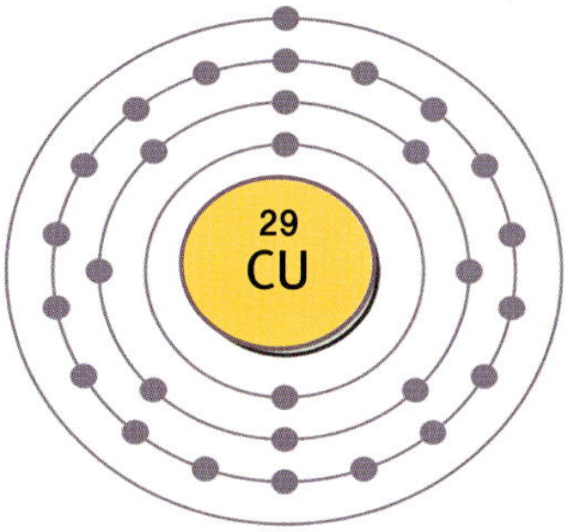

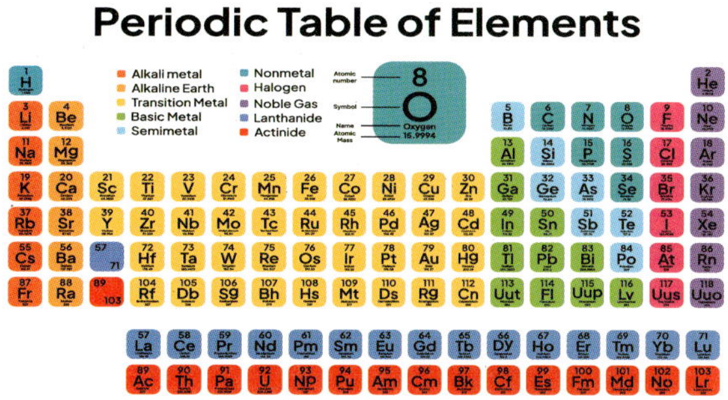

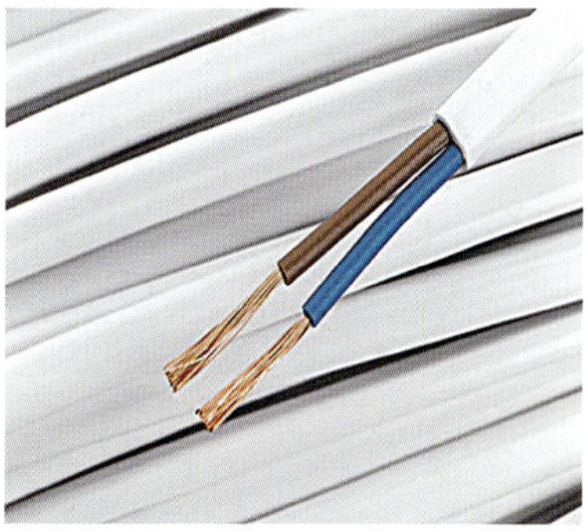

전선

배선

전자기기

건축자재

구리는 시간이 지나면서 구리 표면이 산화되어 녹청색의 '파티나'라고 불리는 보호막을 형성하는데 이는 시간이 지날수록 더욱 아름다운 외관을 제공하며, 또한 내구성을 높인다. 이런 특징 덕분에 구리는 종종 지붕재나 외장재로 사용되며, 이러한 사용 사례로는 우리나라 국회의사당, 미국의 자유의 여신상, 베를린 대성당 같은 유명한 건축물 등이 있다. 파티나는 구리를 외부 환경 요소로부터 보호해주는 역할도 하므로, 구리는 사실상 반영구적인 건축 자재로 취급될 수 있다.

또한 구리는 현대에 전기자동차와 같은 친환경 기술의 핵심 소재로 떠오르고 있다. 전기차의 배터리, 모터, 충전 시스템 등 구리의 사용량이 증가함에 따라 구리의 수요는 급격히 증가하고 있다.

대한민국 국회의사당

독일 베를린 대성당

웨일즈 밀레니엄 센터

미국 자유의 여신상

태양광 패널과 풍력 터빈에 사용되는 구리도 친환경 에너지원에서 중요한 역할을 맡는다. 이는 구리가 지구의 지속 가능성을 향한 주도에서 중요한 위치를 차지하고 있다는 점을 보여준다.

구리는 100% 재활용이 가능하며, 재활용 과정에서 품질 저하가 거의 없다. 이는 자원의 고갈 문제와 환경 오염 문제를 동시에 해결하는데 큰 도움이 된다.

현재 전 세계에서 사용되는 구리의 약 80%가 재활용된 구리로 알려져 있다. 이는 구리가 얼마나 친환경적이고 지속 가능한 자원인지를 잘 보여준다.

구리는 수천 년 동안 인류의 삶을 풍요롭게 만들어 왔으며 구리의 다재다능함은 현대에 이르러서는 과학과 기술, 예술 작품, 악기 제작, 주얼리, 건강까지 다양한 부분에서 그 가치를 찾을 수 있다.

4 브론즈(청동)의 항균 작용 원리

1) 항미생물 금속 제재

브론즈 도구는 항미생물 금속제제로 미국 환경 보호청(EPA)은 구리와 구리 합금을 항미생물 물질로 공식 인정할 만큼 뛰어난 항균력을 가진다. 구리는 미생물의 대사작용을 교란해 죽이는 강력한 항균 금속이다.

세균과 같은 미생물은 구리에 닿게 되면 구리를 영양소로 인식해 흡수하는데 미생물에 들어간 구리 이온은 세포막을 손상시키고 활성산소를 끌어당겨 세균을 파괴한다.

2015년 사우스햄튼 대학교 연구에 따르면 구리 표면에 올려놓은 병원균은 수 분 이내 박멸되었다고 보고했으며, 포도상구균(MRSA)과 같은 슈퍼박테리아는 플라스틱이나 스테인리스 표면에서 몇 주 간 생존하지만 구리 표면에서는 금방 사멸한다. 구리는 박테리아뿐만 아니라 인플루엔자, 면역결핍 HIV 바이러스, 코로나바이러스에도 항바이러스 효과가 입증되었다.

[구리 표면에서 박테리아가 죽는 과정]

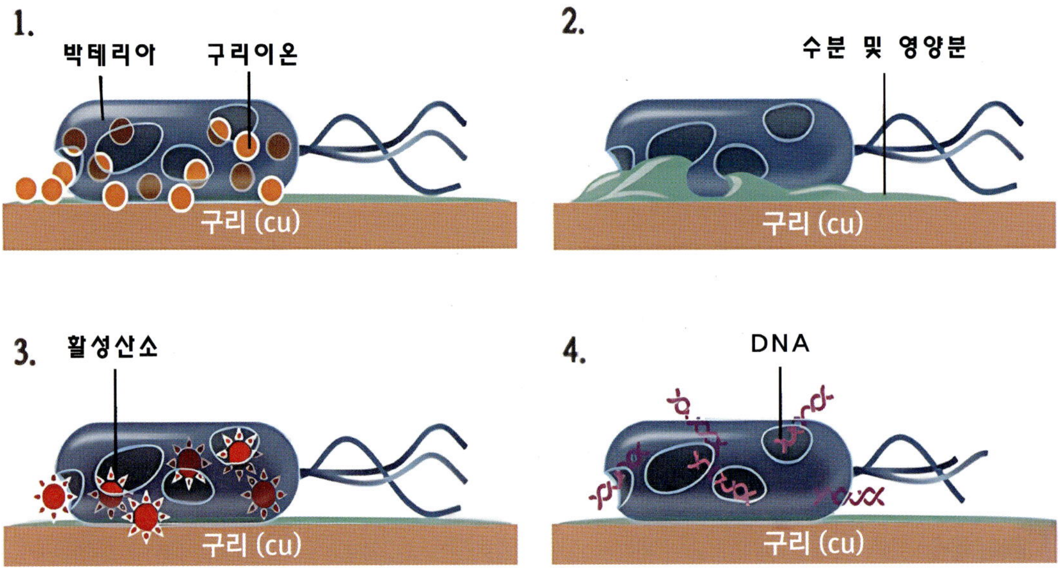

PART 02

인체의 이해

Oriental

Bronze Therapy

Practice

PART 02 인체의 이해

1 순환계

인체의 순환계는 혈액을 통해 산소와 영양소를 각 조직과 기관에 공급하고, 생명 활동으로 생기는 이산화탄소와 노폐물을 호흡기 계통이나 비뇨 계통으로 전달하여 몸 밖으로 배출하도록 하는 중요한 역할을 한다. 순환계는 크게 심장, 혈관, 혈액으로 구성되며 혈액의 순환은 심장의 운동에 의해 이루어진다.

혈액은 물질 운반, 온도 조절, 면역 방어, pH 균형 유지의 역할을 한다. 순환계에 문제가 생기면 고혈압, 심장질환, 동맥경화증, 심근경색, 뇌졸중 등의 질병이 발생한다.

1) 심장

심장은 순환계의 중심 기관으로 혈액을 순환시키기 위해 수축과 이완을 반복하는 펌프 역할을 한다. 순환계는 폐순환과 체순환(온몸 순환)이라는 두 가지 순환으로 나눈다. 폐순환은 우심실에서 이산화탄소가 포함된 혈액을 폐로 보내 산소와 이산화탄소를 교환하는 순환이다. 체순환은 좌심실에서 산소가 풍부한 혈액을 전신으로 보내는 순환이다.

· 심장은 주먹만한 크기로 가슴에 위치하고 무게는 350g 정도로 자신의 체중에 비례한다.
· 심장은 13만km의 혈관에 혈류를 순환시키는데 그 시간은 2분 정도 걸린다.
· 하루 9,000L가 넘는 혈액이 심장에서 펌핑되고 있으며 정상 성인의 심장 박동 수는 1분에 약 72회 정도이다.
· 심장은 가로 민무늬근이 특징으로 수축과 이완의 비율이 5 : 1이다.
· 심장의 기능은 폐 속에 혈액을 공급하여 산소와 이산화탄소를 교환한다.
· 산소와 영양분을 공급하는 동맥혈을 보내고 정맥혈을 받아들이는 역할을 한다.
· 인체 세포에 혈액을 보내주는 역할을 하는데 이 기능이 멈추면 산소와 영양분의 공급 중단으로 사망에 이른다.

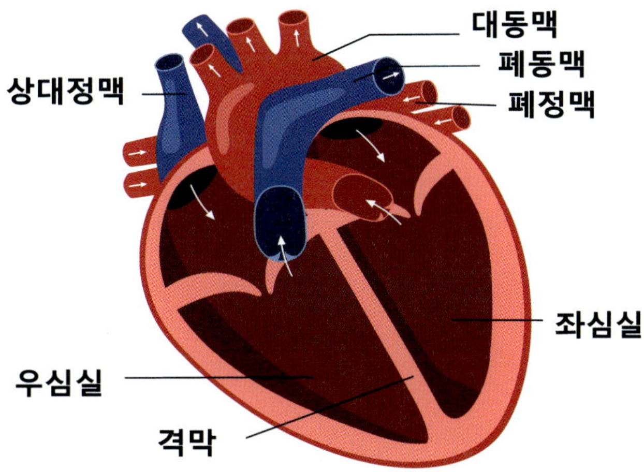

2) 혈관

혈관은 혈액이 흐르는 관으로 크게 동맥과 정맥, 모세혈관으로 나뉜다. 동맥은 심장에서 나오는 혈액을 전신으로 운반하는 혈관으로, 두꺼운 벽과 높은 압력을 견디는 구조를 가지고 있다. 정맥은 전신에서 심장으로 돌아오는 혈액을 운반하는 혈관으로, 비교적 얇고 벽이 덜 두껍다. 모세혈관은 동맥과 정맥을 연결하는 아주 미세한 혈관으로, 물질 교환이 이루어지는 기관이다.

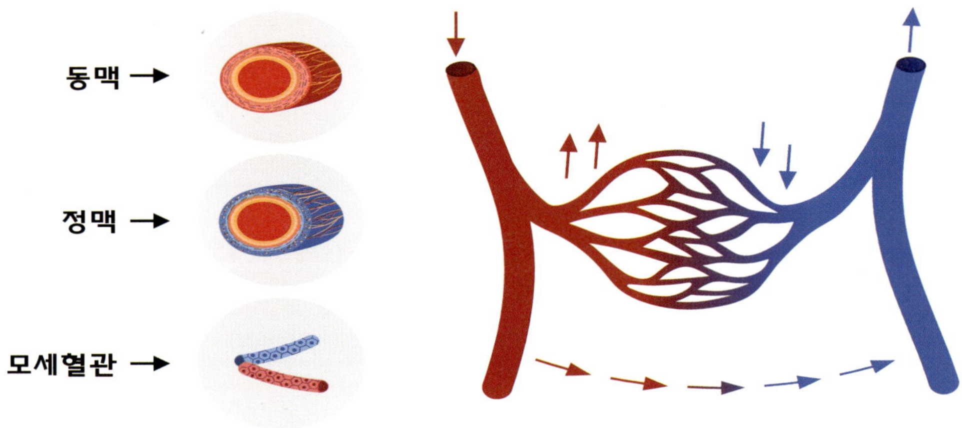

3) 혈액

혈액은 액체 성분인 혈장과 세포 성분인 혈구로 구성된다. 백혈구는 면역기능을 담당하는 세포로 몸 밖에서 들어온 세균을 잡아먹는 식균작용을 하며, 혈소판은 상처가 나면 응고를 도와 출혈을 멈추게 한다. 적혈구는 헤모글로빈이라는 단백질이 들어있으며, 혈액 내에서 산소를 운반하는 역할을 한다.

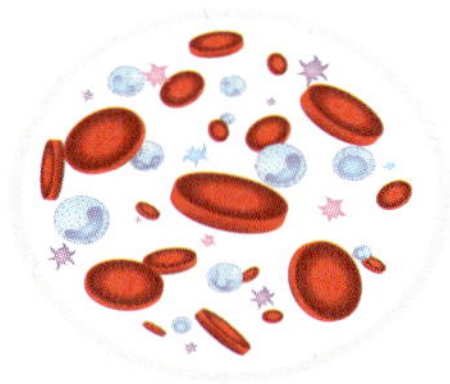

정상혈액

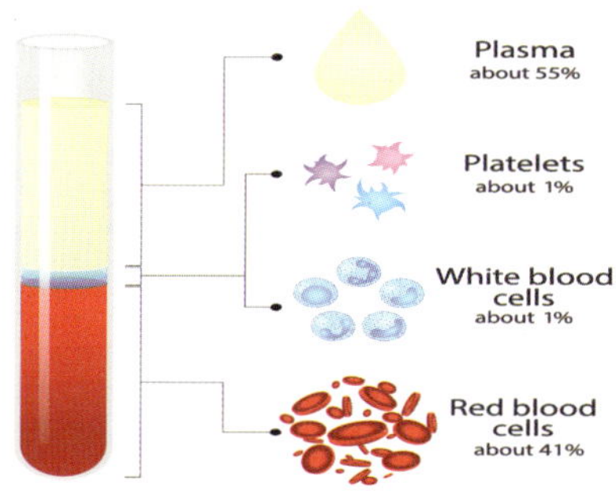

4) 폐

폐는 원뿔형의 형태로 '허파'라고도 하며 기관을 중심으로 가슴 양쪽에 위치하고 호흡을 담당하는 장기로 외부와 직접 연결되는 유일한 장기이며 산소와 이산화탄소를 교환하는 기관이다.

· 들이마신 공기는 코를 지나 기관지 후두로 들어가며 이때 개폐를 조절하는 후두개는 음식물의 진입을 막아준다.
· 개폐 작용이 문제가 될 경우 '사레'라는 기침을 하여 음식물이 식도가 아닌 기관으로 잘못 들어가는 것을 막아주는 기능을 한다.
· 산소는 폐로 들어와 허파꽈리를 둘러싸고있는 모세혈관의 혈액 에 의해 전신의 조직 세포로 운반된다.
· 체내 · 외의 기체를 교환하여 자연계의 맑은 기를 흡입하고 체내의 탁한 기를 배출하는 기능을 한다.

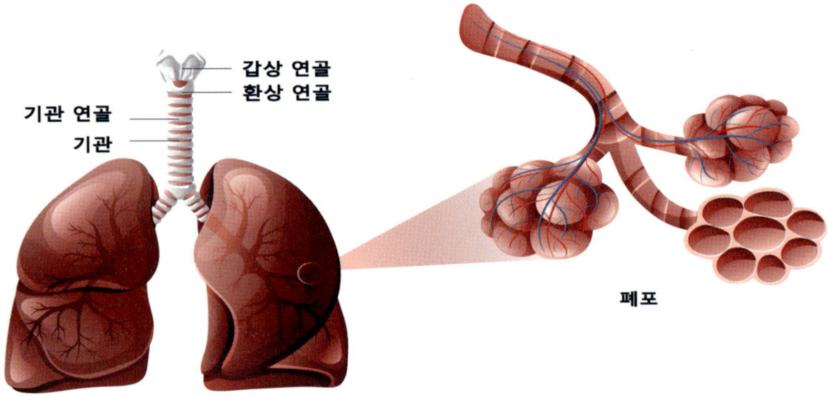

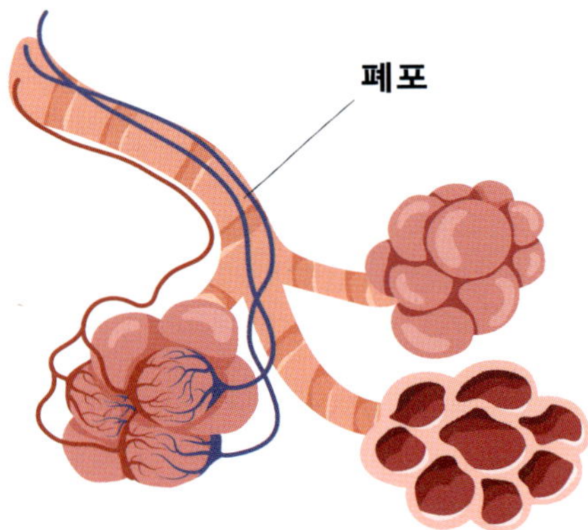

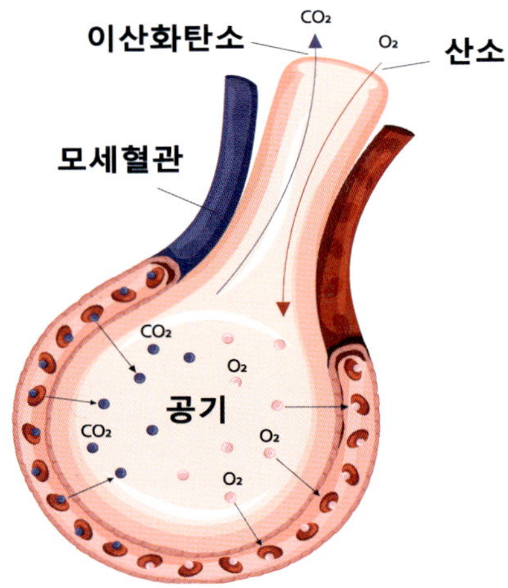

5) 신장

신장은 허리 부위에 위치하고 횡격막 아래 등뼈 양쪽에 좌우 한 쌍이 있으며 우측 간 때문에 아래에 위치하고 비대칭이며 무게와 길이는 120~160g, 10~12cm 정도이다.

신장 기능이 나빠지면 대소변 배설의 이상과 설사, 변비, 탈항 등의 증상이 생길 수 있다.

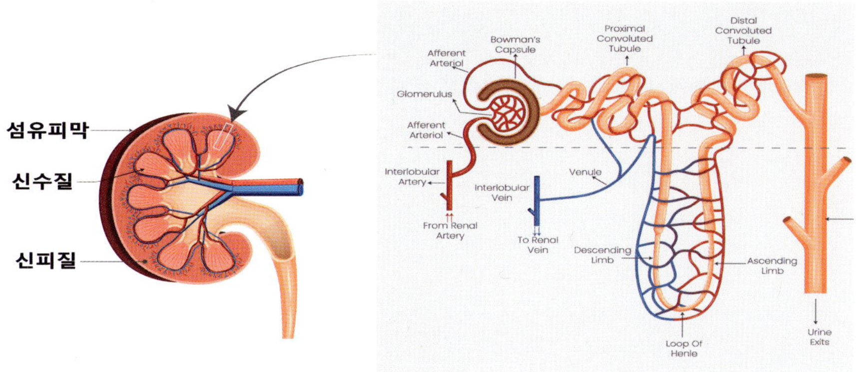

6) 방광

방광은 최대 1L의 소변을 저장할 수 있고 괄약근이 소변의 역류를 막는 역할을 하며, 수뇨관은 1초에 2~3cm 정도 소변을 방광으로 보내고 방광에 0.4L 정도만 차면 요의를 느낀다.

물을 많이 마시면 몸속의 노폐물 배출이 용이하다. 소변에는 각종 비타민, 칼슘, 인산, 무기염류 등 몸의 구성 성분이 들어 있다.

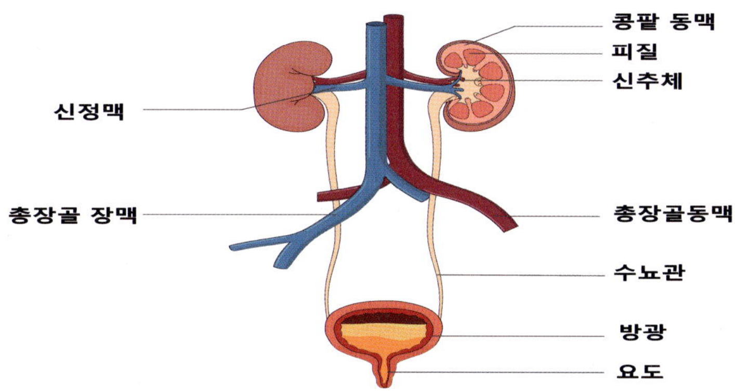

2 골격계

골격계는 신체를 지지하고 보호하며, 운동을 가능하게 하고, 혈액 생성과 미네랄 저장 등의 중요한 역할을 한다.

골격계는 206개의 뼈와 관절을 포함하여 여러 가지 조직으로 이루어져 있다.

전신 골격은 몸통뼈대(체간골격) 80개와 팔, 다리뼈대(체지골격) 126개로 구성되어 있다.

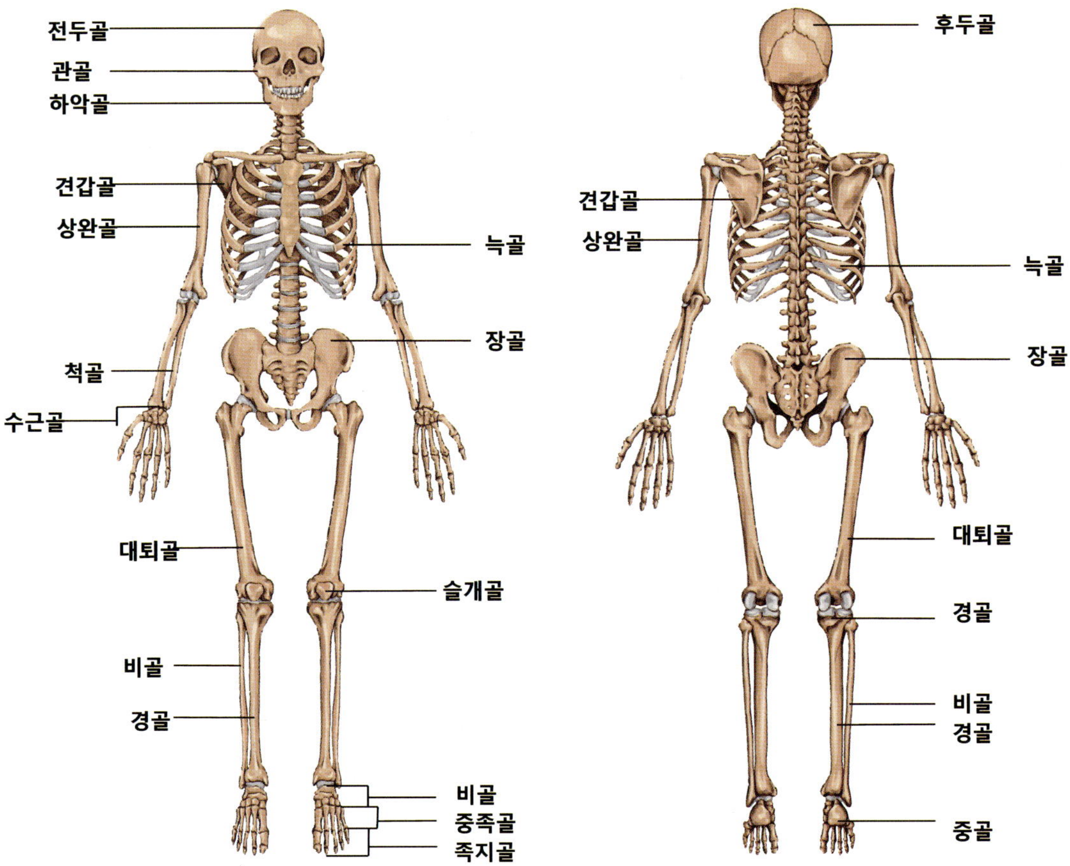

1) 골격계의 구조

(1) 몸통 뼈대는 신체의 중심을 이루며, 주로 머리, 목, 척추, 갈비뼈로 구성된다.

두개골은 뇌를 보호하는 뼈들로 이루어져 있으며, 얼굴을 형성한다. 척추는 33개의 척추뼈로 이루어져 있으며, 신체를 지지하고 뇌에서 나오는 신경을 보호한다. 갈비뼈는 심장과 폐를 보호하는 역할을 하며, 흉골은 갈비뼈와 연결되어 가슴 부위를 보호한다.

몸통 뼈대: 80개 –뇌두개골 8개, 얼굴뼈(안면골) 14개, 귓속뼈(이소골) 6개, 목뿔뼈(설골) 1개, 척주뼈(척주추골) 24개, 엉치뼈(천골) 1개, 미골 1개, 갈비뼈(늑골) 24개, 복장뼈(흉골) 1개.

(2) 팔다리뼈대는 상지와 하지의 뼈들로 구성되어 있으며, 운동과 이동을 담당한다.

상지는 어깨, 팔꿈치, 손목, 손 등의 뼈로 이루어져 있고, 하지는 엉덩이, 무릎, 발목, 발 등의 뼈로 이루어져 있다.

팔다리뼈대: 126개-팔이음뼈(상지대) 4개, 자유팔뼈(자유상지골) 60개, 다리이음뼈(하지대) 2개, 자유다리뼈(자유하지골) 60개.

(3) 관절은 뼈와 뼈가 연결되는 부분이다.

움직이지 않는 관절(예: 두개골 뼈의 연결)인 유합관절, 자유롭게 움직이는 관절(예: 무릎, 팔꿈치, 어깨 등)인 가동관절이 있다.

(4) 연골은 뼈와 뼈 사이에서 충격을 완화하고, 뼈를 보호하는 역할을 하며, 관절 부위에서 중요한 기능을 한다.

총 80개

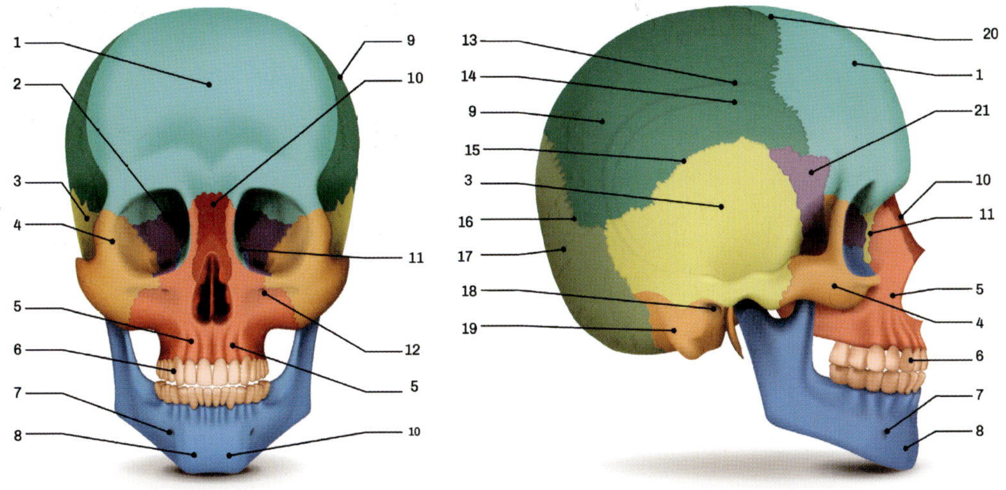

1 전두골
2 시신경관
3 측두골
4 광대뼈
5 턱
6 치아
7 턱끝구멍
8 하악골
9 두정골
10 코뼈
11 누골
12 안와하공
13 두정골상측두선
14 측두선
15 인상봉합
16 삼각봉합
17 후두골
18 외이도
19 유양돌기
20 관상봉합
21 설상골

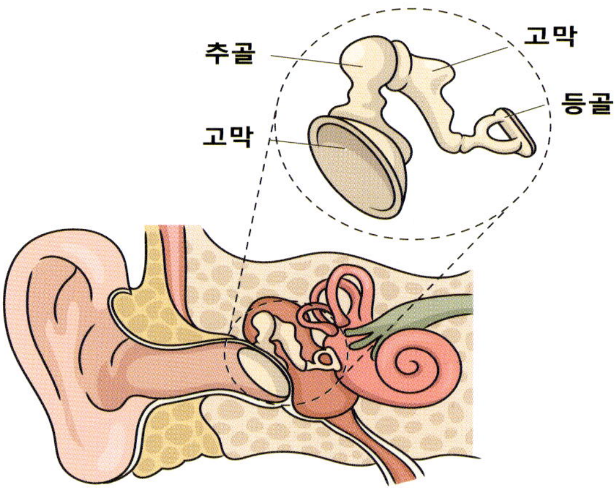
추골
고막
등골
고막

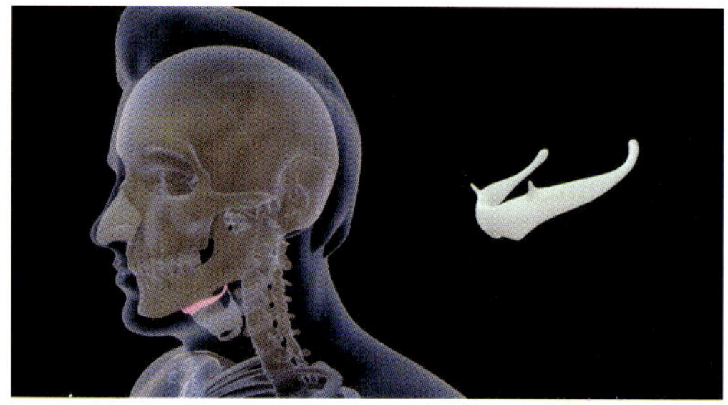

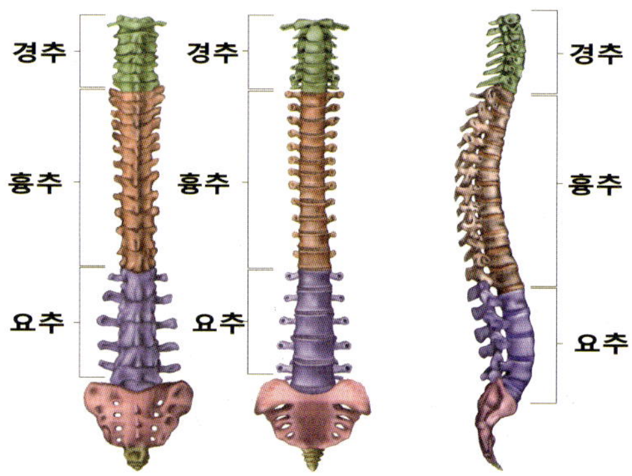
경추
흉추
요추
경추
흉추
요추
경추
흉추
요추

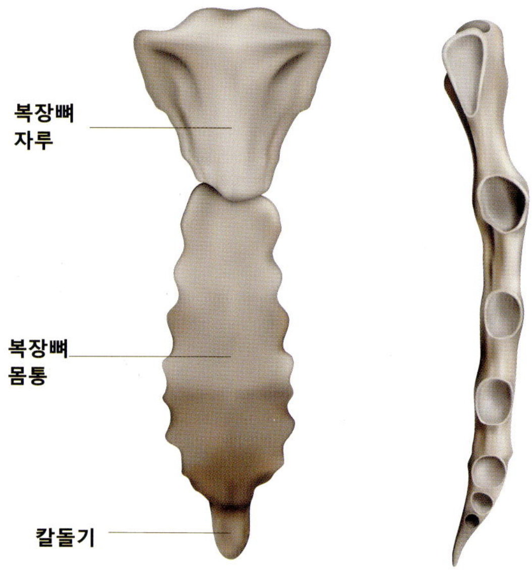
복장뼈
자루
복장뼈
몸통
칼돌기

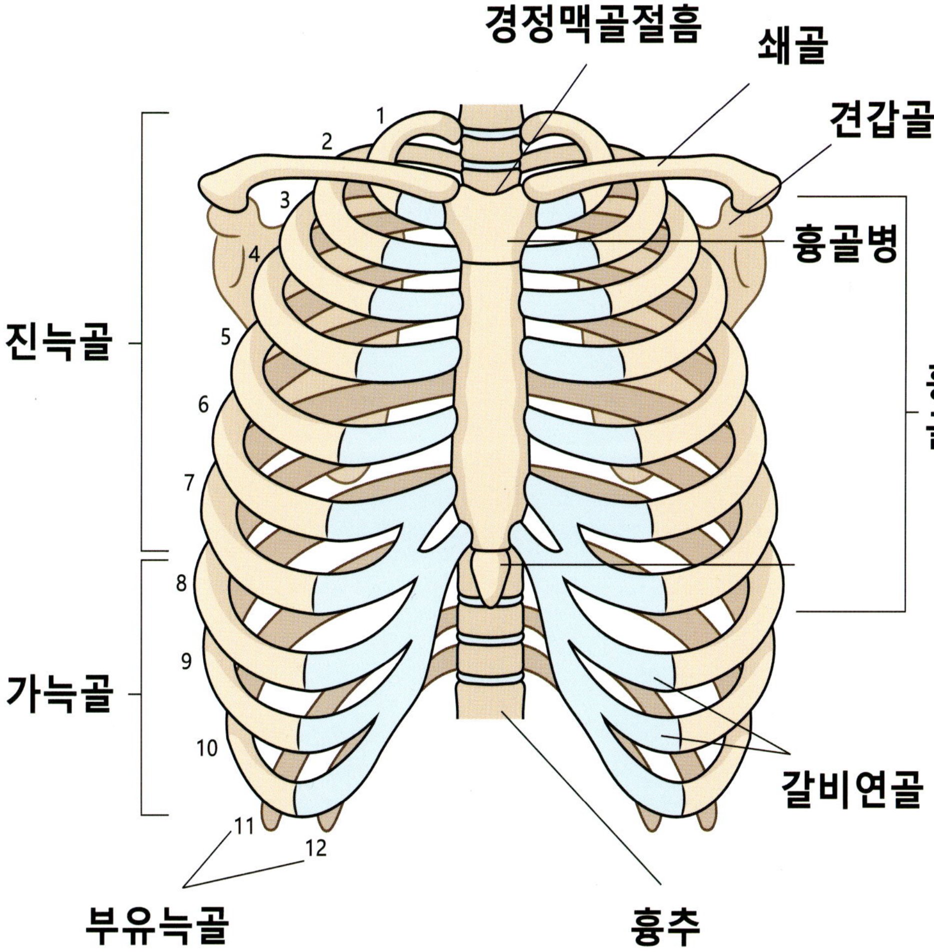
경정맥골절흔
쇄골
견갑골
흉골병
흉골
진늑골
가늑골
갈비연골
부유늑골
흉추
1
2
3
4
5
6
7
8
9
10
11
12

상지골(팔뼈)
상지대(팔이음뼈)
쇄골: 2개
견갑골(어깨뼈): 2개
자유상지골(자유팔뼈)
상완골(위팔뼈) : 2개
요골(노뼈): 2개
척골(자뼈): 2개
수근골(손목뼈): 2개
중수골(손허리뼈): 2개
지골(손가락뼈): 2개

총 64개

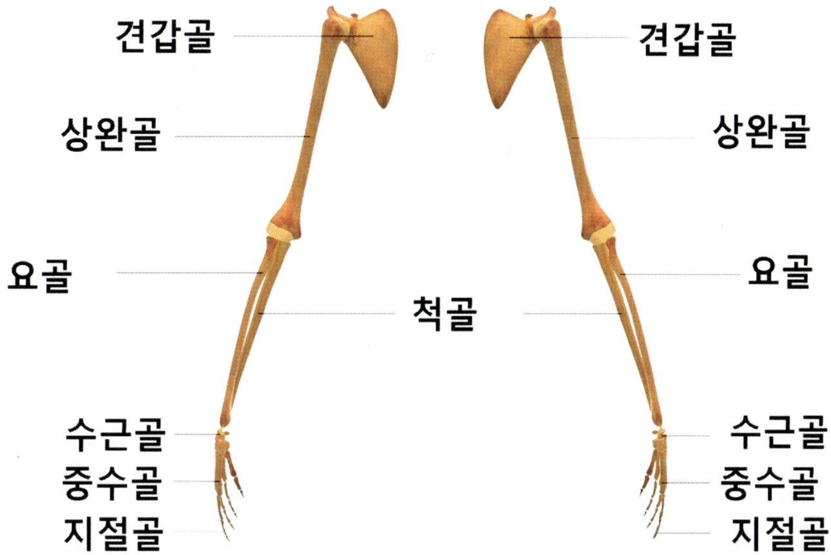
견갑골
견갑골
상완골
상완골
요골
척골
요골
수근골
수근골
중수골
중수골
지절골
지절골

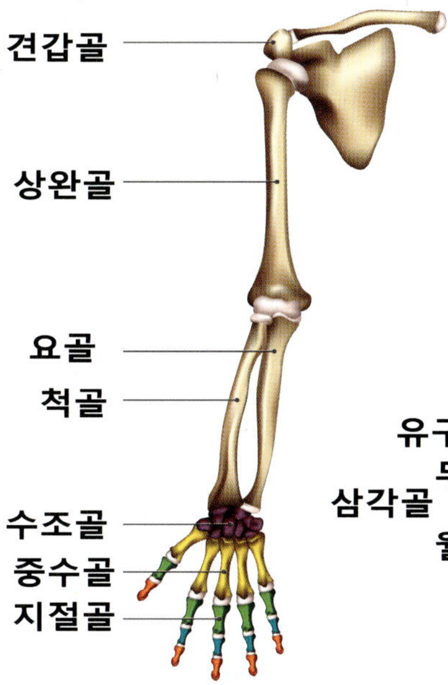
견갑골
상완골
요골
척골
수조골
중수골
지절골

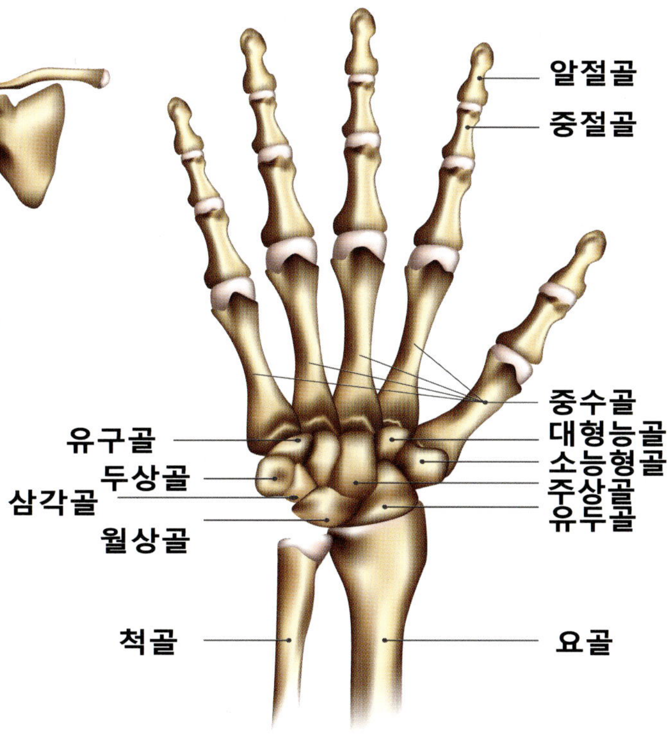
알절골
중절골
중수골
유구골
대형능골
두상골
소능형골
삼각골
주상골
유두골
월상골
척골
요골

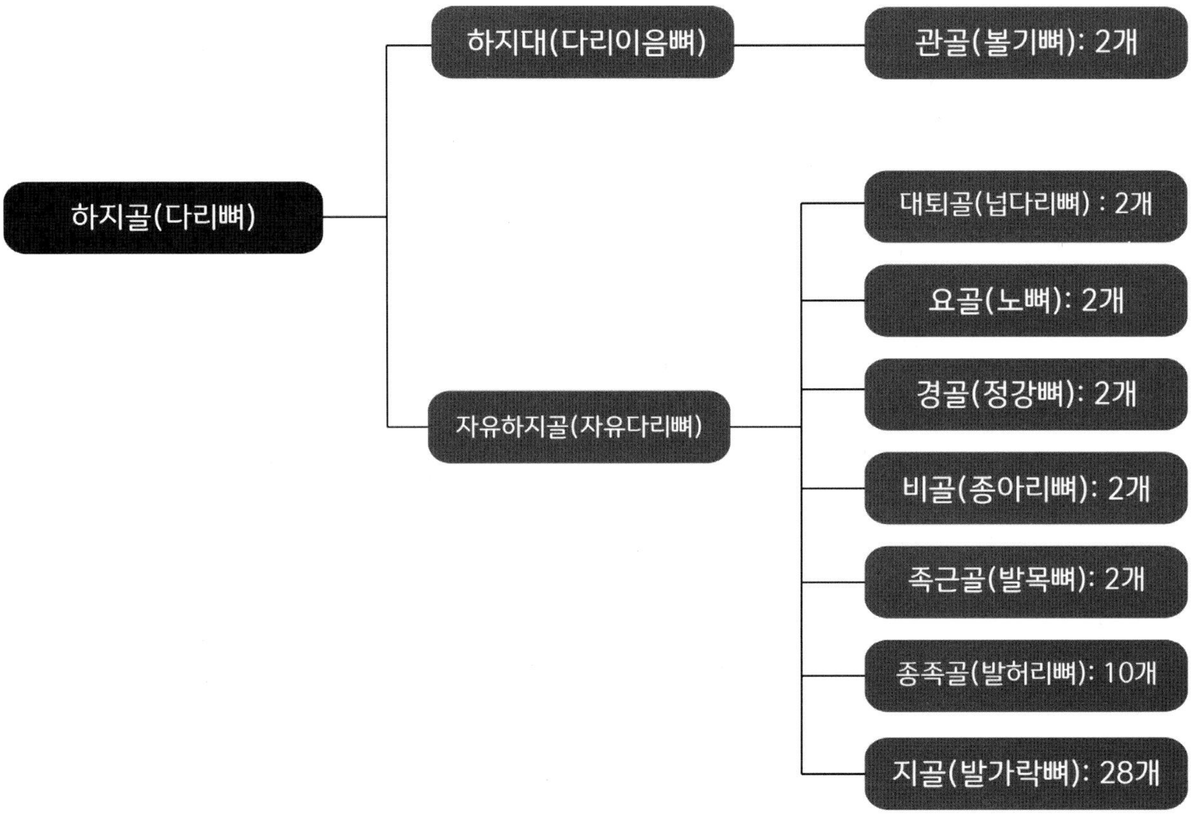

하지골(다리뼈)
하지대(다리이음뼈)
관골(볼기뼈): 2개
자유하지골(자유다리뼈)
대퇴골(넙다리뼈) : 2개
요골(노뼈): 2개
경골(정강뼈): 2개
비골(종아리뼈): 2개
족근골(발목뼈): 2개
종족골(발허리뼈): 10개
지골(발가락뼈): 28개

총 62개

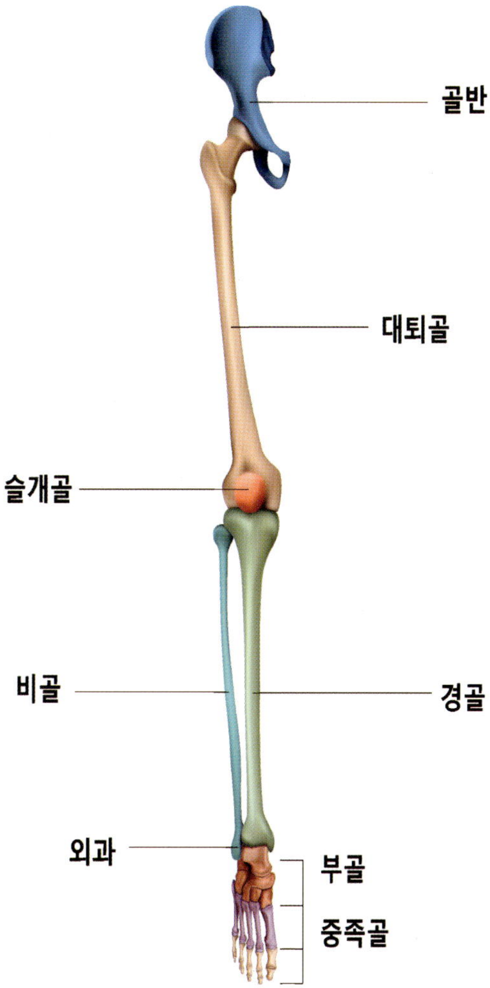
골반
대퇴골
슬개골
비골
경골
외과
부골
중족골

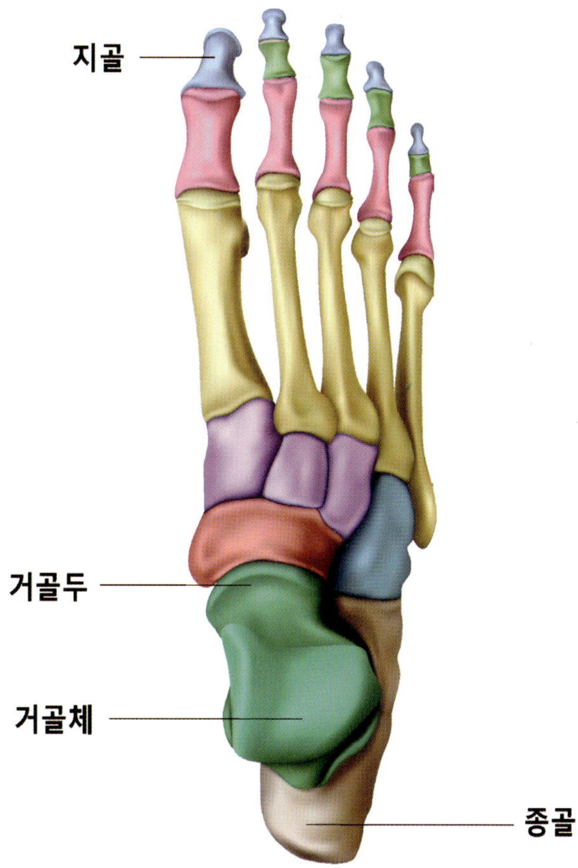
지골
거골두
거골체
종골

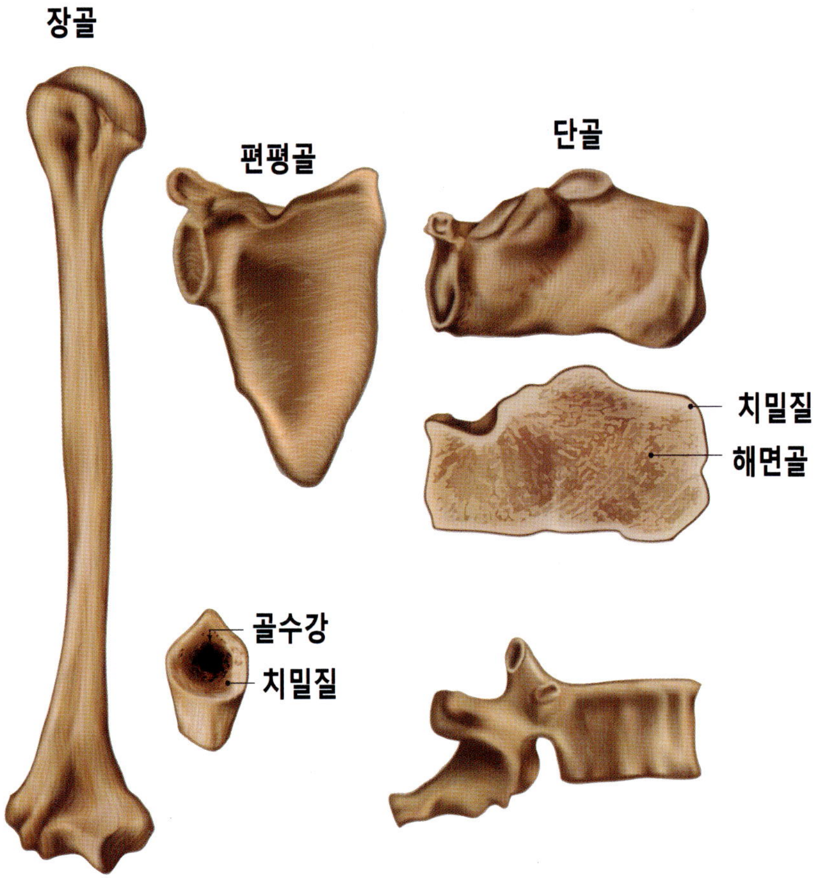

2) 뼈의 크기와 형태

뼈는 완두콩만 한 크기부터 24인치 대퇴골까지 크기와 형태는 다양하다. 뼈의 형태는 팔과 다리에 있는 뼈로 넓기보다는 긴 장골(long bones), 수근골과 족근골에 있는 뼈로 입방체와 같은 형태의 단골(short bones), 늑골과 두개골에 있는 뼈로 얇고 편평하고 구부러져 있는 편평골(flat bones), 관골, 척추와 두개골에 있는 뼈로 길고, 짧거나 편평한 형태를 제외한 다양한 모양의 불규칙골(irregular bones), 종자골(sesamoid bone)로 분류할 수 있다.

3 근육계

인체 근육은 신체를 움직이고, 힘을 생성하며, 체온 유지, 자세 유지, 내부 장기의 기능 조절, 심장 박동에 중요한 역할을 한다.

1) 근육의 형태

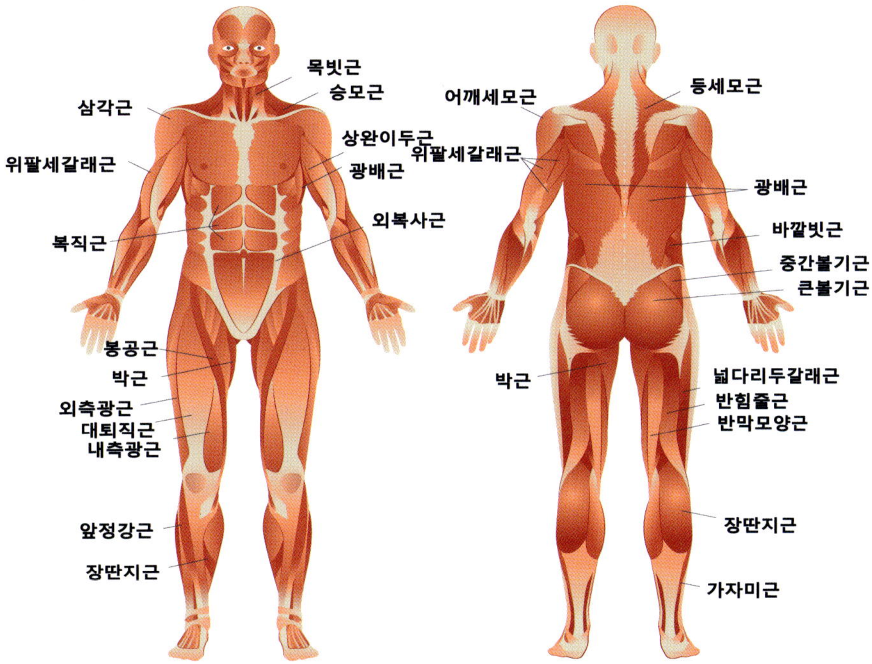

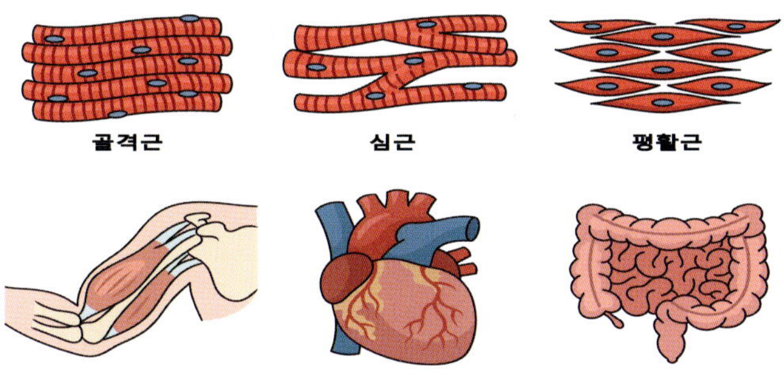

근육은 크게 골격근, 내장근, 심장근으로 나누어진다.

(1) 골격근(skeletal muscle)

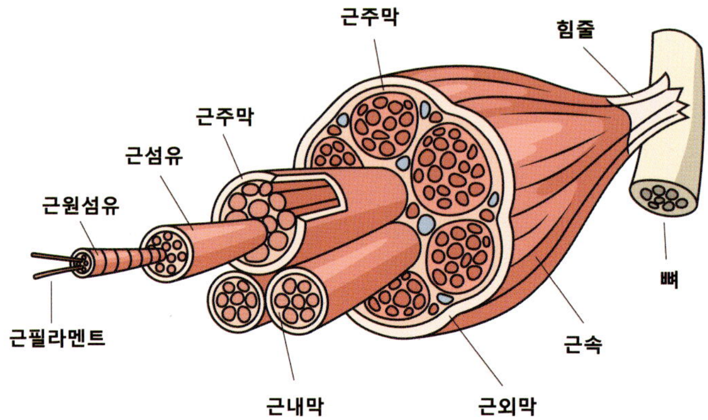

① 뼈대근이며 가로무늬가 있는 횡문근이다.
② 수의근으로 건을 통해 골격에 부착하여 운동한다.
③ 손, 발, 복배근, 혀, 인후, 안근, 성대, 항문 등에 분포한다.
④ 골격과 관계가 깊은 근육으로 몸 부피의 40%를 차지한다.
⑤ 일반적으로 근육의 양쪽 끝이 뼈에 붙기 때문에 수축으로 뼈와 뼈 사이의 관절을 움직임으로써 몸의 운동을 일으킨다.
⑥ 구성 세포 종류는 뼈대근육세포이다.

(2) 내장근(smooth muscle)

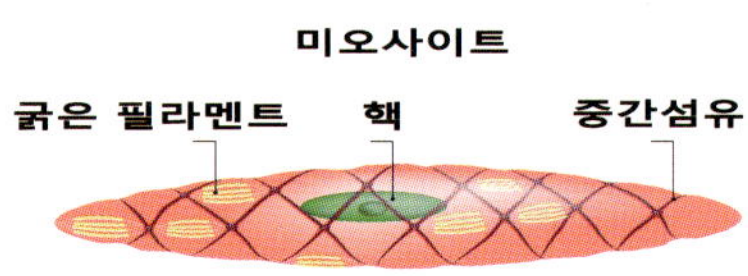

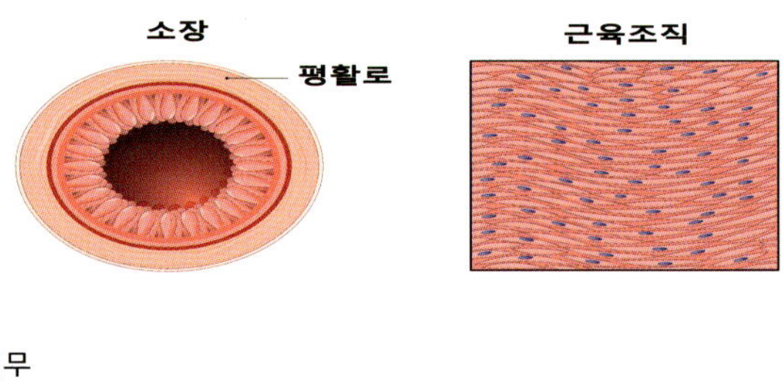

① 내장근은 가로무늬가 없는 평활근이다.

② 불수의근이며 내장 및 혈관벽을 구성하여 내장기관의 활동을 담당한다.

③ 심장 이외의 내장 기관, 자궁, 소화관, 방광, 수뇨관 등의 벽에 분포한다.

④ 여러 개의 세포가 다발 또는 얇은 판모양을 이룬다.

⑤ 튜브 모양으로 된 내장기관에서는 벽에 위치하기 때문에 수축으로 내부 공간을 좁히므로 공간 속의 내용물을 밀어내는 구실을 한다.

⑥ 장의 연동운동의 주된 구조물이다.

(3) 심장근(cardiac muscle)

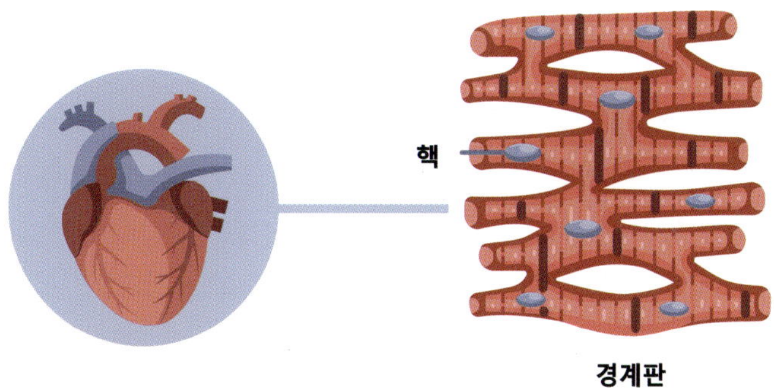

① 심장근은 가로무늬가 있는 횡문근이다.

② 불수의근이며 심장 벽을 구성하여 심장의 활동을 담당한다.

③ 심장에서만 볼 수 있는 근육이다.

④ 심장근은 신경 자극에 따라 리듬 있는 수축을 하여 심장의 박동을 나타내게 하는 것이 주된 역할이다.

2) 근육 기능의 분류

(1) 불수의근 (Involuntary muscle)

자율 신경계(autonomic nervous system)의 지배를 받는 근육으로 수축운동을 의지대로 할 수 없다.

(2) 수의근 (Voluntary muscle)

체신경계(somatic nervous system)의 지배를 받는 근육으로 의지에 따라 수축운동을 한다.

3) 근육의 생리적 특성

① 수축성 : 근섬유는 자극을 받으면 근원섬유의 길이가 수축한다.
② 이완성 : 근육은 힘을 발생시키지 않을 때 이완 상태를 유지한다.
③ 피로성 : 근육은 지속적인 수축과 이완을 반복하면 근육의 성능 저하와 피로도가 증가한다.
④ 적응성 : 근육은 훈련과 자극에 대응하여 변화하고 적응한다.
⑤ 탄성 : 근섬유가 외부자극으로 인해 잡아당겨 길어졌을 경우 다시 원상태로 돌아간다.
⑥ 흥분성 : 자극을 받으면 흥분하여 여러 가지 변화를 일으킨다.
⑦ 전도성 : 근섬유의 한 끝을 자극하면 흥분이 근섬유 전체에 전달된다.

4) 인체 부위별 근육

(1) 머리와 얼굴 근육

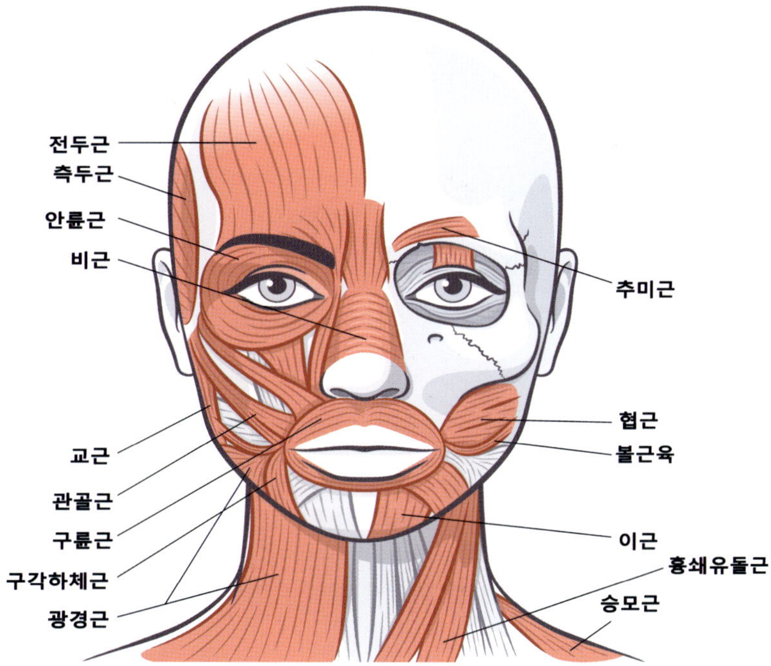

머리와 얼굴의 근육들은 감정 표현과 신체 기능을 제어하는 중요한 역할을 한다. 표정을 짓거나, 음식을 씹는 것, 눈과 입을 움직이는 데 필요한 모든 근육들이 정확하게 협력하여 다양한 신체적 및 감정적 반응을 가능하게 만든다.

① 두개근(Occipitofrontalis): 두피에 위치하며, 앞부분은 이마에 위치한 전두근, 뒷부분은 뒤통수에 위치한 후두근이다. 이마를 찡그리거나 눈썹을 올리는 역할을 한다.

② 안륜근(Orbicularis Oculi): 눈을 둘러싸고 있는 근육으로 눈꺼풀 주위에 위치한다. 눈을 감거나 깜박이는 역할을 한다.

③ 추미근(Corrugator supercilii): 안륜근 작용을 도와 눈썹을 아래 안쪽으로 당겨 밝은 빛에 눈을 보호하는 역할을 한다. 추미근이 수축하면 양 눈썹 사이인 미간에 세로 주름을 만들어 찌푸리는 표정을 짓게 한다.

④ 비근(Nasalis): 콧구멍을 움직이는 근육이다. 콧방울을 당기거나, 콧구멍을 넓히는 역할을 한다.

⑤ 구륜근(Orbicularis Oris): 입술을 둘러싸고 있는 원형 근육이다. 입술을 오므리거나 입을 벌리는 역할을 한다. 입술을 굳게 오므리거나 말을 하거나 음식을 먹을 때 중요한 역할을 한다.

⑥ 협근(Buccinator): 볼과 입술 사이에 위치한 근육으로, 입안의 뒤쪽을 감싸고 있다. 음식을 씹을 때 음식이 입 안에서 고르게 퍼지도록 돕고, 입술을 당기는 데 사용된다. 또한 휘파람 불기와 트럼펫 연주시 이용된다.

⑦ 관골근(Zygomaticus): 얼굴의 광대뼈에서부터 입꼬리까지 이어지는 근육이다. 웃을 때 입꼬리를 올리는 역할을 하며, 미소를 짓는 데 관여한다.

⑧ 교근(Masseter): 턱뼈에 부착되어 있으며, 턱을 올리고 내리는 데 사용된다. 얼굴 양쪽에 위치한 강력한 근육이다. 음식을 씹을 때 주요 역할을 한다.

⑨ 측두근(Temporalis): 두개골의 측면에 위치한 근육이다. 턱을 돌리고 내리는 데 도움을 주며, 특히 음식을 씹을 때 강력한 힘을 발휘하는 역할을 한다.

⑩ 구각하체근(Depressor Anguli Oris): 입꼬리 아래에서부터 턱뼈까지 이어지는 근육이다. 입꼬리를 아래로 내리는 역할을 한다. 슬픔이나 불만을 표현할 때 사용된다.

⑪ 구각거근(Levator Anguli Oris): 입꼬리 위쪽에서 위턱뼈에 부착된 근육이다. 입꼬리를 위로 올리는 역할을 한다. 웃을 때나 기쁨을 표현할 때 사용된다.

(2) 목과 어깨 근육

① 흉쇄유돌근: 목을 돌리거나 구부리는 역할을 하며, 머리의 회전과 기울기를 조절한다.

② 승모근: 어깨를 올리거나 목을 뒤로 젖히는 데 사용한다. 어깨와 목의 움직임을 담당한다.

③ 삼각근: 어깨 관절 보호 근육으로, 팔을 들어 올리거나 옆으로 벌리는 데 사용한다.

④ 견갑거근: 어깨를 들어 올리는 근육으로, 능형근, 승모근과 함께 어깨를 들어 올리는 역할과 하방 회전을 시킨다.

⑤ 사각근: 목뼈 가장 깊숙이 위치한 심부 근육으로 목뼈와 갈비뼈에 부착되어 있다. 갈비뼈를 들어 올려 호흡 기능을 보조하거나

목뼈 가장 가까운 곳에서 목뼈를 앞뒤로 잡아당겨 안정성을 만들어 낸다.

(3) 가슴과 상체 근육

① 대흉근: 가슴에 부채처럼 펼쳐져 있는 근육으로, 팔을 앞으로 밀거나, 팔꿈치를 구부릴 때 중요한 역할을 한다. 자세가 불량할 때 스트레스를 많이 받는 근육으로, 긴장이 오래되면 어깨가 안쪽으로 둥글게 되며 등이 구부정한 'Round shoulder' 체형이 되어 몸의 균형이 깨어진다.

② 소흉근: 대흉근 아래에 위치하며, 어깨를 내리거나 안정시키는데 사용된다. 소흉근의 이상은 4번째 손가락이 저리는 현상이 오거나 감각 이상이 오고 때로는 호흡 곤란을 유발하기도 한다.

(4) 복부 근육

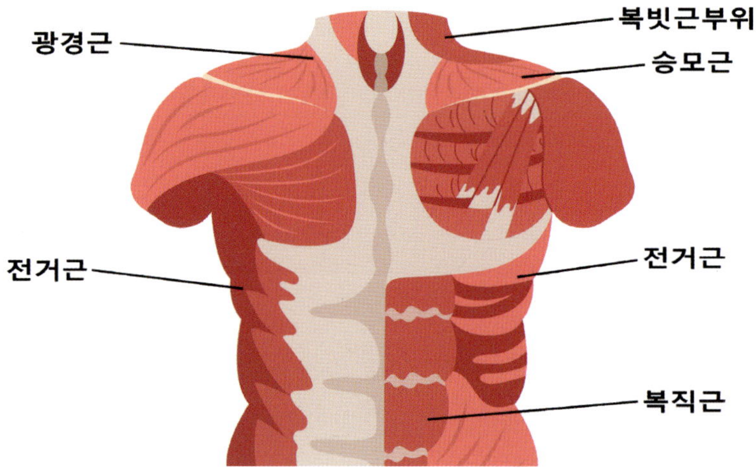

① 복직근: 복부의 앞부분에 위치하며, 상체를 굽히거나 앉을 때 사용된다. '복근'이라고도 불리며, 자세 유지와 상체 굴곡에 중요한 역할을 한다. 또한 복직근의 수축과 이완에 의해 정맥, 림프의 흐름을 촉진시키고 전신혈액순환에 중요한 역할을 한다.

② 외복사근: 몸통을 비틀거나 옆으로 구부릴 때 사용된다.

③ 내복사근: 외복사근과 비슷하게 몸통을 회전시키고 옆으로 구부리는 역할을 한다. 내·외복사근의 약화는 허리벨트를 강하게 조이거나 배꼽티 착용 등 허리를 내놓는 것으로 허리 쪽 근육들의 혈액순환을 막아 근육에 스트레스를 가져오고 복부통증으로 이어질 수 있다.

④ 복횡근: 복부의 깊은 곳에 위치해 복부를 안정시키고, 압력을 조절하여 내장을 보호하는 역할을 한다.

(5) 팔 근육

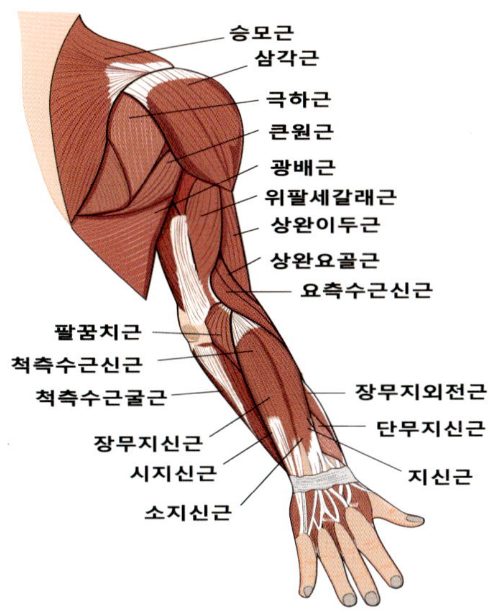

① 이두근: 팔꿈치를 굽히고 손바닥을 위로 돌리는 역할을 하는, 팔 앞쪽의 두 갈래 근육이다. 통증이 잘 발생하지 않는 근육이나, 무거운 것을 오래 들고 있거나 아이를 오래 안고 있는 경우 근육에 문제가 생길 수 있다.

② 삼두근: 팔을 펴는 동작을 담당하는, 팔 뒤쪽의 세 갈래 근육이다. 팔을 펴는 동작을 할 때 통증을 일으키며, '테니스 엘보우' 같은 팔꿈치 통증이나 염증을 일으키는 경우가 많다.

③ 상완근: 팔꿈치를 굽히는 주된 역할을 하는 위팔 앞쪽 깊숙한 곳에 위치한 근육이다. 근육 폐색 시 요골 신경에 영향을 주어 엄지손가락 윗부분 감각마비, 저림 등의 통증이 발생한다. 팔꿈치 굽힘 자세로 장시간 전화통화, 무거운 가방을 아래팔에 걸치는 자세, 팔베개를 하고 잠을 자는 습관은 상완근을 약화를 초래한다.

(6) 등 근육

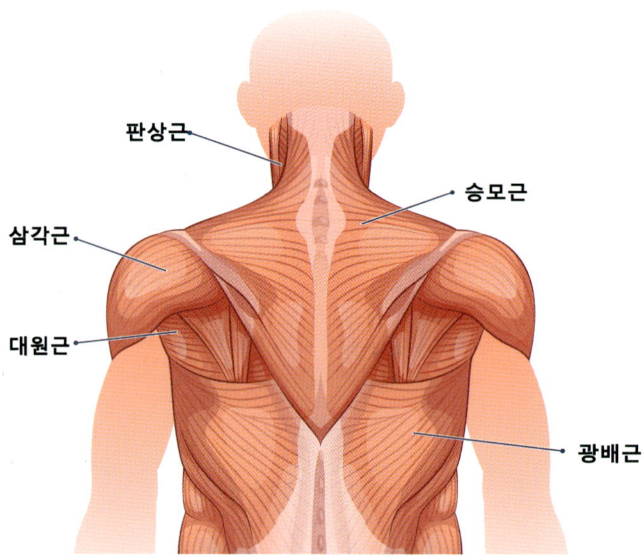

① 승모근: 목, 어깨, 등 윗부분에 걸쳐 있으며 어깨를 움직이고 안정시키는 중요한 큰 근육이다. 전체 근육 긴장 검사에서 가장 우선적으로 확인하는 근육이며, 승모근 섬유 불균형은 목뼈와 등뼈 측만증을 유발한다. 과도한 근육피로, 심한 스트레스 환경에 노출되면 통증이 발생하고, 편두통을 유발하기도 한다.

② 광배근: 등과 허리 쪽에 넓게 퍼져 있는 근육으로, 팔을 뒤로 젖히고 몸 쪽으로 끌어당기는 데 관여한다. 둥글고 구부정한 어깨(Round shoulder)를 만드는 원인이 되는 근육이며 등 쪽의 통증을 유발시킨다.

③ 능형근: 척추와 어깨뼈 사이에 위치하여, 어깨뼈를 척추 방향으로 당기고 고정시키는 역할을 하는 근육이다. 둥글고 구부정한 어깨(Round shoulder)를 만드는 원인이 되는 근육이며 등쪽의 통증을 유발시킨다.

④ 척추기립근: 척추를 따라 길게 이어져 있는 근육으로, 등을 곧게 펴고 척추를 안정적으로 지지하는 역할을 한다. 이 근육에 문제가 생기면 기침을 하거나 배변을 할 때 통증을 느낄 수 있다. 갑자기 허리에 힘을 주는 일을 하거나, 몸을 비튼 채 오래 있을 경우 근육의 긴장 및 약화를 가져온다.

(7) 엉덩이 근육

① 대둔근: 엉덩이의 크고 강한 근육으로, 다리를 뒤로 뻗거나 서 있을 때 몸을 지탱하는 역할을 한다. 경사가 심한 곳을 오랜 시간 등산하는 경우, 옆으로 누워 몸을 새우처럼 구부리고 자는 자세, 한 자세로 오래 앉아 있는 경우, 뒷주머니에 지갑을 꽂고 다닐 때 문제가 생길 수 있다.

② 중둔근: 엉덩이 바깥쪽에 위치하며, 다리를 옆으로 벌리고 골반의 균형을 잡아주는 중요한 근육이다. 장시간 한 다리로 지탱해 서기, 장시간 테니스 경기는 좌우 다리 길이 불균형으로 인하여 중둔근 손상과 기능을 약화시킨다.

③ 소둔근: 엉덩이 깊숙한 곳에 위치한 작은 근육으로, 다리를 옆으로 벌리고 골반을 안정시키는 역할을 한다. 소둔근의 이상은 참을 수 없을 정도로 통증이 지속적이며, 보행 시 다리를 절게 만들 수 있고 고관절에 심한 통증이 나타난다.

(8) 허벅지 근육

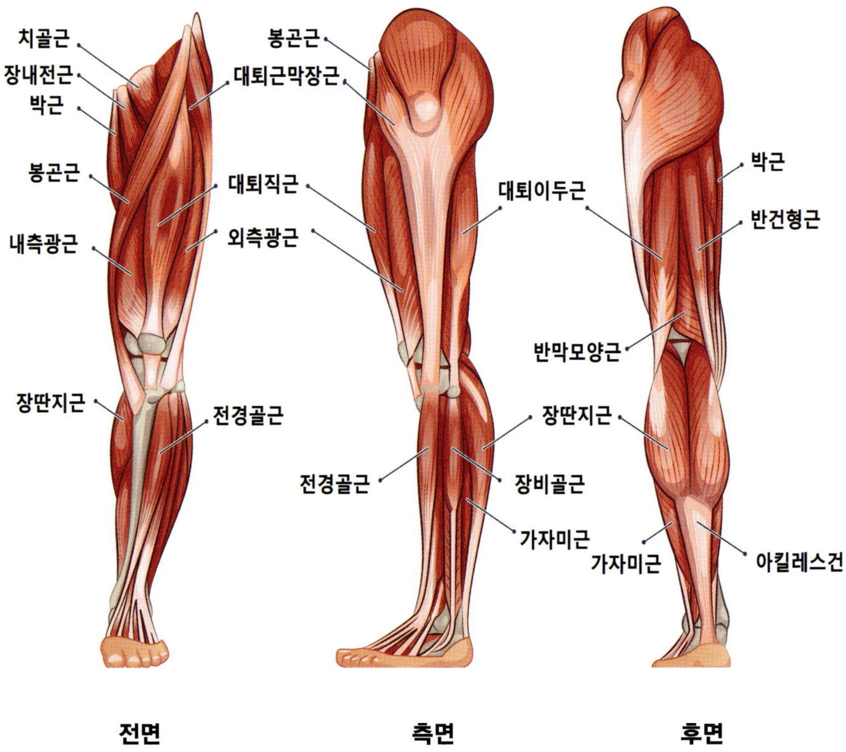

① 대퇴사두근: 허벅지 앞쪽에 위치한 네 개의 근육으로, 다리를 뻗는 역할을 한다. 대퇴사두근의 이상은 무릎 통증을 유발해 계단을 내려가기 어렵다. 하이힐을 오래 신거나 쪼그린 자세로 오래 앉아 있기, 운전 직종으로 종사하는 경우 대퇴사두근에 무리가 갈 수 있다.

② 넙다리뒤근육(넙다리두갈래근, 반힘줄근, 반막근): 허벅지 뒤쪽에 위치한 세 개의 근육으로, 무릎을 굽히고 고관절을 움직이는 데 중요한 역할을 한다. 넙다리뒤근육의 이상은 걸을 때 통증을 나타내며 그로 인해 절뚝거리게 된다.

(9) 종아리 근육

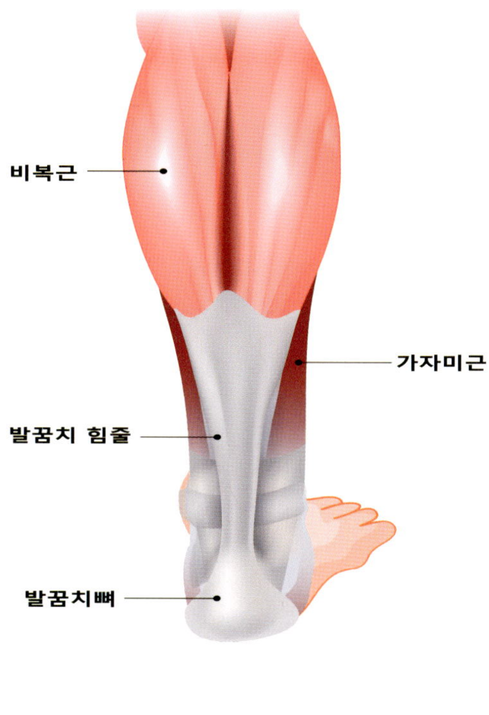

① 비복근: 종아리 뒤쪽에 위치한 두 개의 주요 근육으로, 발목을 굽히고 무릎을 구부리는 역할을 한다. 비복근 이상은 발바닥이 화끈거리며 아프고, 무릎 뒤 통증이나 야간 장딴지 쥐남 증상을 유발한다.

② 가자미근: 종아리 깊숙이 위치한 근육으로, 발목을 굽히는 역할을 하며, 하체 운동과 체중 지탱에 중요한 역할을 한다. 가자미근의 이상은 주로 뒤꿈치의 뒤꿈치 아래 쪽에 통증과 압통이 방사되며 아킬레스건의 말단에도, 발 뒤꿈치 통증과 장딴지 윗부분에 퍼지는 만성 통증을 유발한다.

(10) 손과 발 근육

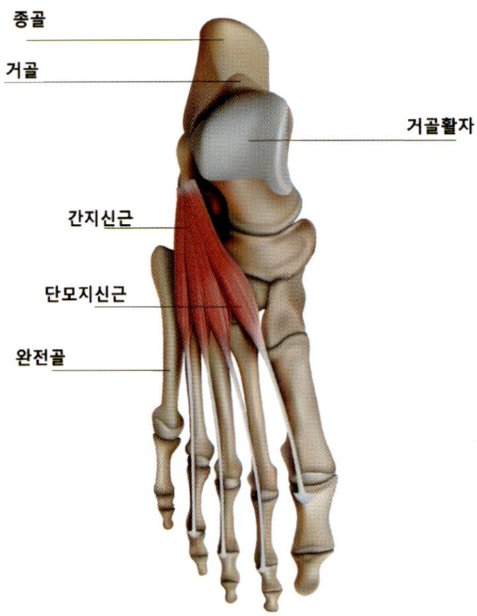

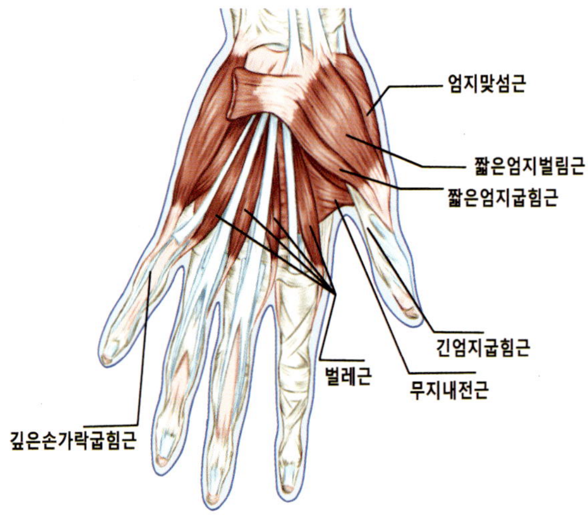

① 손 근육: 손목과 손가락을 움직이는 근육들이 있으며, 굴곡근과 신전근이 주로 손목을 굽히거나 펴는 동작에 관여한다.

② 발 근육: 발목과 발가락을 움직이는 근육들이 있으며, 걷기와 달리기 등에서 발의 움직임을 조절한다.

4 미용경락

경락은 인체 내에서 기(**氣**)와 혈(**血**)이 흐르는 통로를 의미한다. 경락은 체내의 다양한 장기와 기관을 연결하며, 기와 혈이 원활하게 흐르도록 돕는 역할을 한다. 경락 시스템은 인간의 신체가 건강하게 기능할 수 있도록 하는 중요한 구조로, 이를 통해 몸의 에너지 흐름이 균형을 이루게 된다.

1) 경락의 주요 개념

12개 주요 경맥: 12개의 주요 경맥이 있으며, 각 경맥은 특정 장기나 기능과 연결되어 있다. 장기간의 의료 실천 과정에서 선조들은 어떤 혈에 침을 놓으면 시큰하고, 저리고, 묵직하고, 팽팽한 느낌이 일정한 노선을 따라 전달되는 것을 발견하였고, 그 전달되는 경로상에 있는 혈을 선으로 연결하였다. 이것이 바로 경맥이다.

- 경혈(**經穴**): 경락을 따라 일정한 지점에 존재하는 특정한 지점을 경혈이라 하며, 이 지점들은 침술이나 지압 등으로 자극을 주어 건강을 증진시키거나 질병을 치료하는 데 사용된다. 경혈에는 원기가 모이고 출입하는 곳인 원혈(原穴), 등 쪽에 위치하며 장기나 경락의 에너지를 보충하거나 조절하는 데 사용되는 배수혈(背兪穴),

인체의 앞쪽에 위치한 혈자리로 장기의 에너지를 집중적으로 공급하고, 장기의 기능을 활성화하는데 사용되는 모혈(募穴), 경락의 끝부분에 위치하며, 경락의 에너지 흐름을 정리하고 균형을 맞추는 역할을 하는 낙혈(落穴) 등이 있다.

2) 음양의 개념 및 특징

음양은 대립적이고 상호 보완적인 두 가지 원리를 설명하는 철학적 개념으로, 자연과 우주의 모든 현상이 음과 양의 상호작용에 의해 이루어진다.

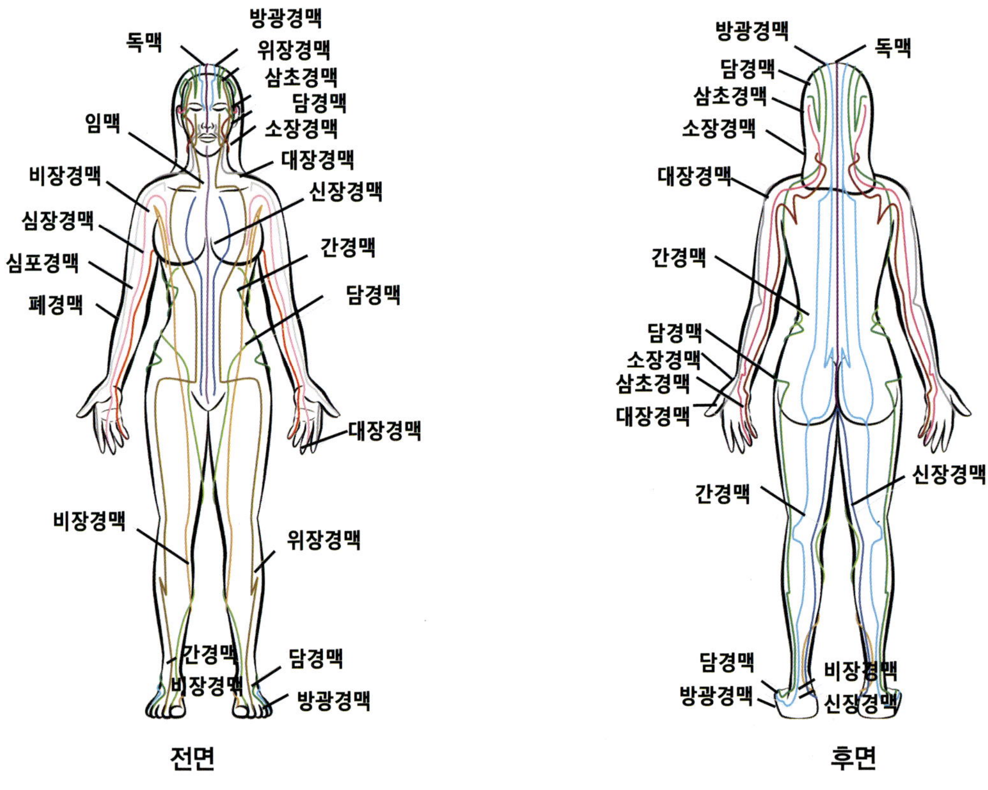

- 음(陰): 차가운, 어두운, 여성적, 수동적인 특성, 인체에서는 장기나 혈액 등 내부와 관련이 깊다.
- 양(陽): 뜨거운, 밝은, 남성적, 활동적인 특성, 인체에서는 기와 에너지의 흐름, 소화 등과 관련이 많다.

음(陰)	어두움	아래	땅	찬 것	온순함	밤	유순함	여	짝수	우	오장
양(陽)	밝음	위	하늘	더운 것	활발함	낮	강건함	남	홀수	좌	육부

3) 오행의 개념 및 특징

오행은 자연의 모든 현상이 목(**木**), 화(**火**), 토(**土**), 금(**金**), 수(**水**)의 다섯 가지 요소로 구성되어 있다고 보는 이론이다. 오행은 자연과 신체의 변화와 순환을 설명하며, 상호 작용과 상호 보완을 통해 조화를 이룬다.

구분	오행	목	화	토	금	수
자연계	오미	신맛	쓴맛	단맛	매운맛	짠맛
	오색	청색	적색	황색	흰색	흑색
	오화	생(生)	장(長)	화(化)	수(收)	장(藏)
	오기	풍(風)	열(熱)	습(濕)	건조(燥)	한(寒)
	오방	동	남	중앙	서	북
인체	오장	간	심	비	폐	신
	육부	담	소	위	대	방광
	오관	눈	혀	입	코	귀
	형체	힘줄	맥	육	피모	뼈
	오지	노(怒)	희(喜)	사(思)	우(憂)	공(恐)
	오성	호(呼)	소(笑)	가(歌)	곡(哭)	신음(呻吟)

오행귀속표

4) 경혈 취혈법

(1) 골도법

황제내경 골도편(骨度篇)에 기록된 취혈 방법으로서 뼈마디의 관절과 관절 부위를 나누어 주요한 표지로 삼아 촌수(寸數)를 정하고, 비례(比例)로 환산(換算)하여 혈의 위치를 정하고, 가슴과 머리, 얼굴 부위는 특별히 관절 부위를 나누기 어렵기 때문에 자연적인 표지법(標識法)을 정해 혈의 위치를 찾는 방법으로서 비교적 많이 활용된다.

(2) 지촌법 (指寸法)

특정한 부위의 손가락 관절의 길이와 손가락 개수를 통해 길이를 재는 방법이다

① 중지동촌법(中指寸法): 중지 손가락을 구부렸을 때 중간마디의 주름이 있는 곳으로 1寸이라고 한다.

② 모지동촌법(拇指寸法): 엄지의 중간관절의 가로길이를 1寸이라 한다.

③ 지량법(指量法): 엄지를 제외한 네 손가락을 대어 가로로 합한 길이를 3寸이라 한다

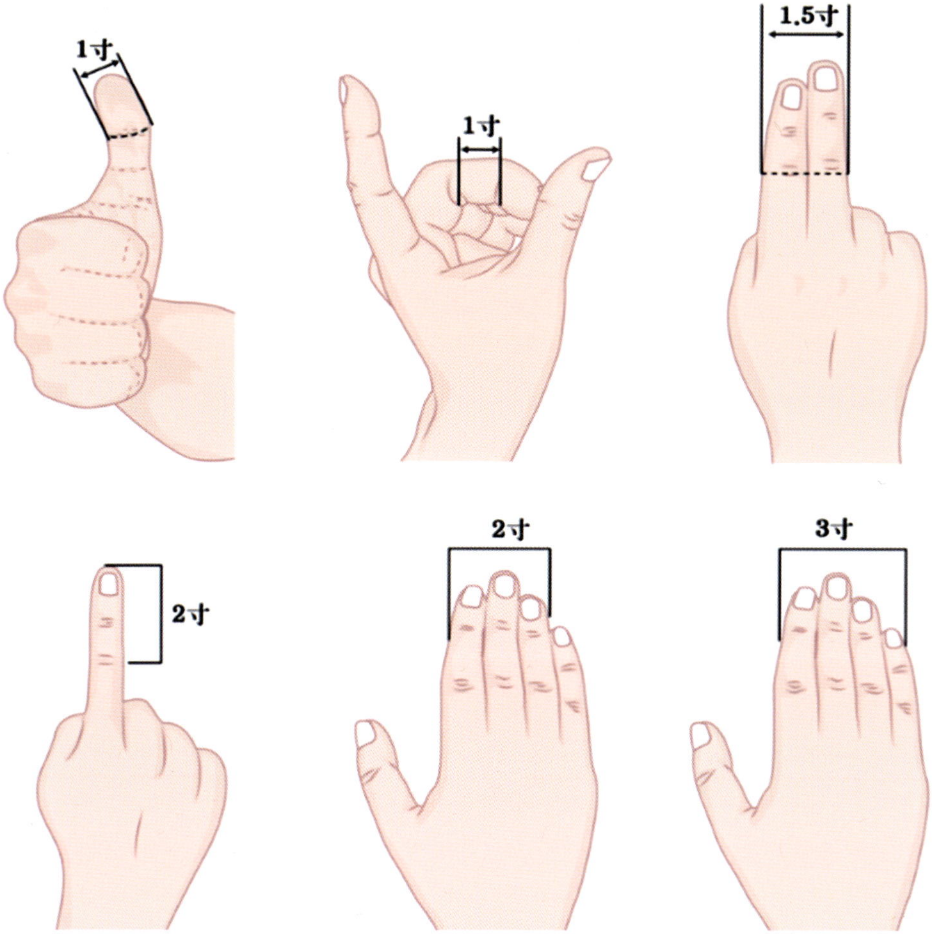

지촌법

5) 인체 경혈점의 위치와 효과

인체의 경혈은 십이경맥, 임맥, 독맥 상에 위치한 혈을 총칭하며 인체 중앙선에 있는 단혈 52개와 인체에 대칭적으로 위치한 쌍혈 309개로 이루어져 있다.

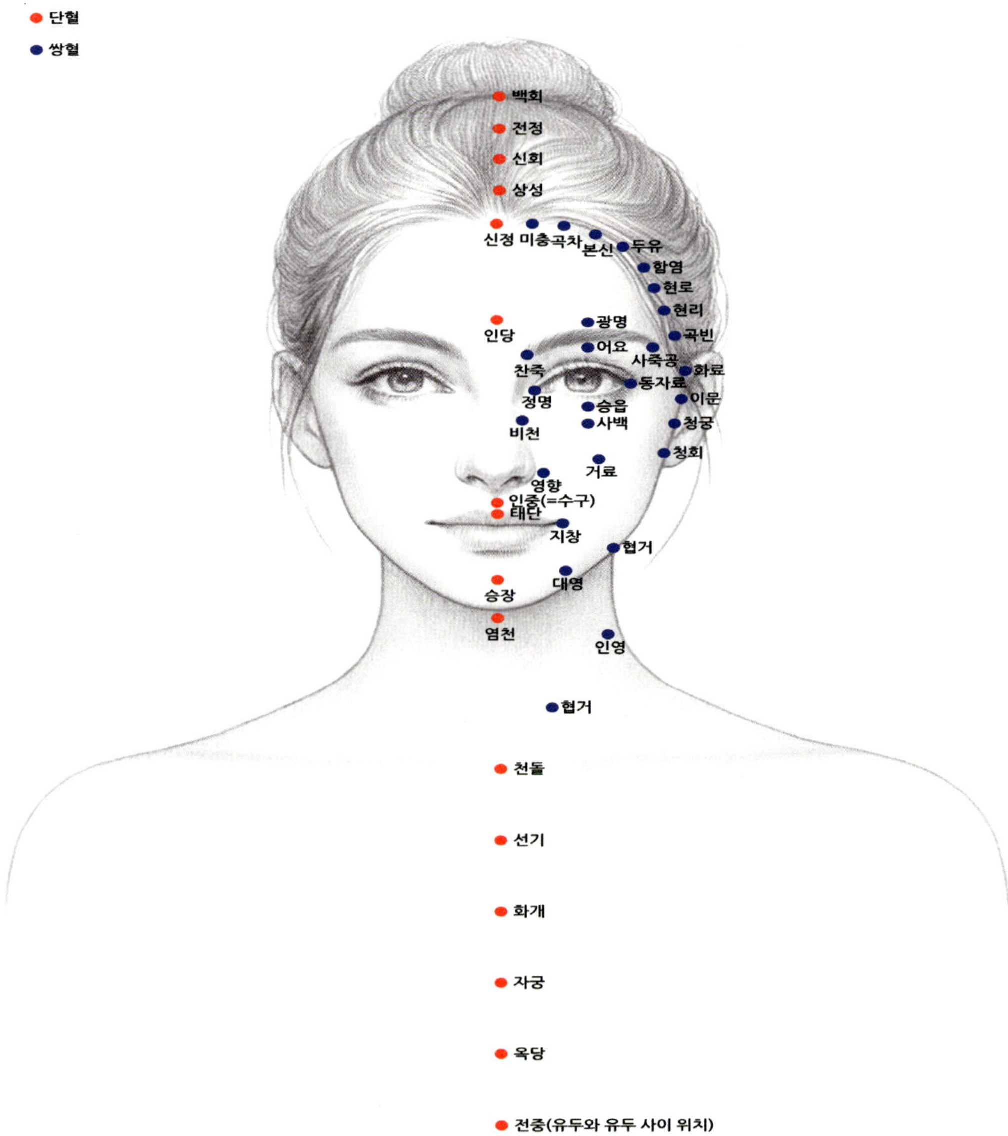

단혈
쌍혈
백회
전정
신회
상성
신정
미충
곡차
본신
두유
함염
현로
현리
인당
광명
곡빈
어요
사죽공
찬죽
화료
동자료
정명
이문
승읍
사백
청궁
비천
청회
거료
영향
인중(=수구)
태단
지창
협거
승장
대영
염천
인영
협거
천돌
선기
화개
자궁
옥당
전중(유두와 유두 사이 위치)

얼굴(정면) 경혈점

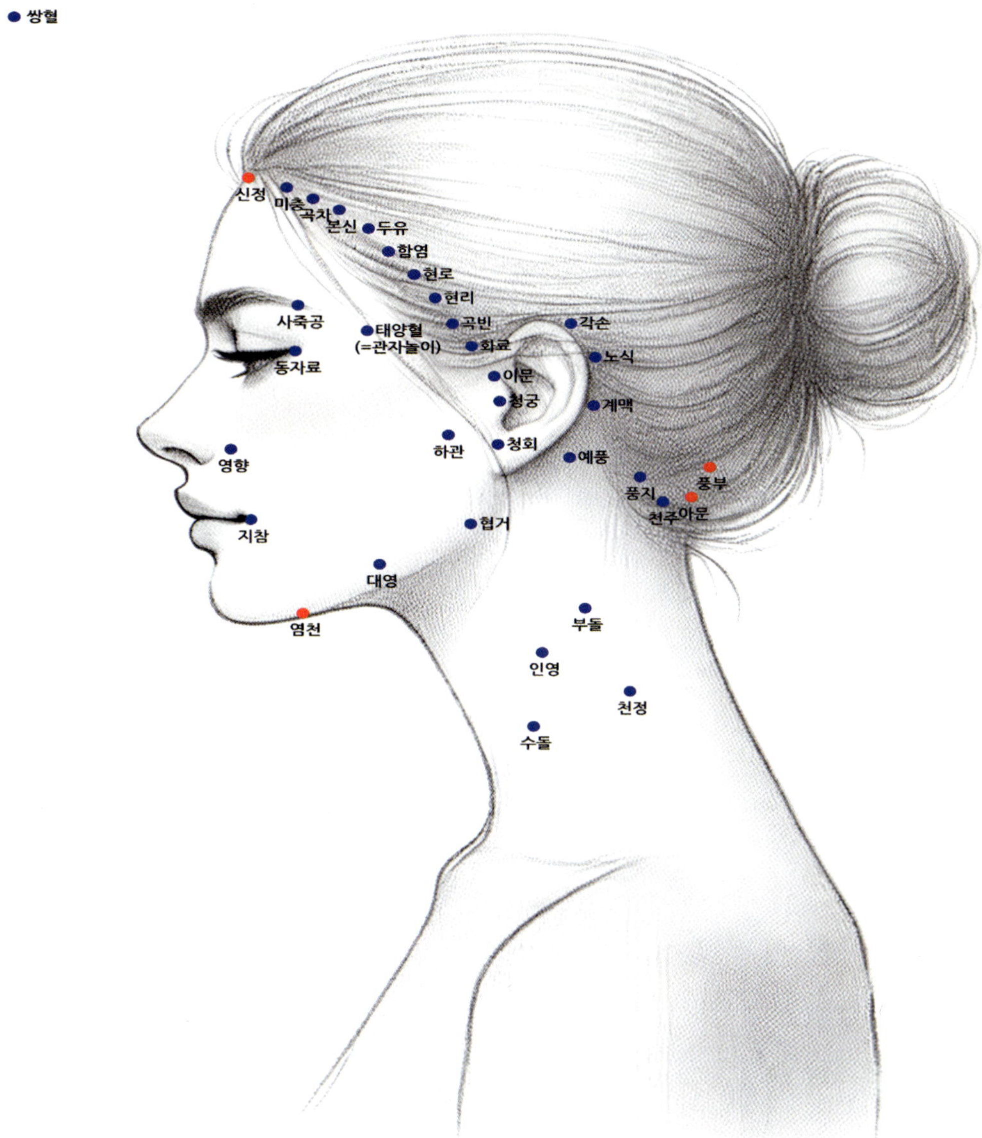
● 쌍혈
신정
미충
곡차
본신
두유
함염
현로
현리
사죽공
태양혈
(=관자놀이)
곡빈
각손
화료
노식
동자료
이문
청궁
계맥
하관
청회
예풍
영향
풍부
풍지
천주
아문
지창
협거
대영
염천
부돌
인영
천정
수돌

얼굴(측면) 경혈점

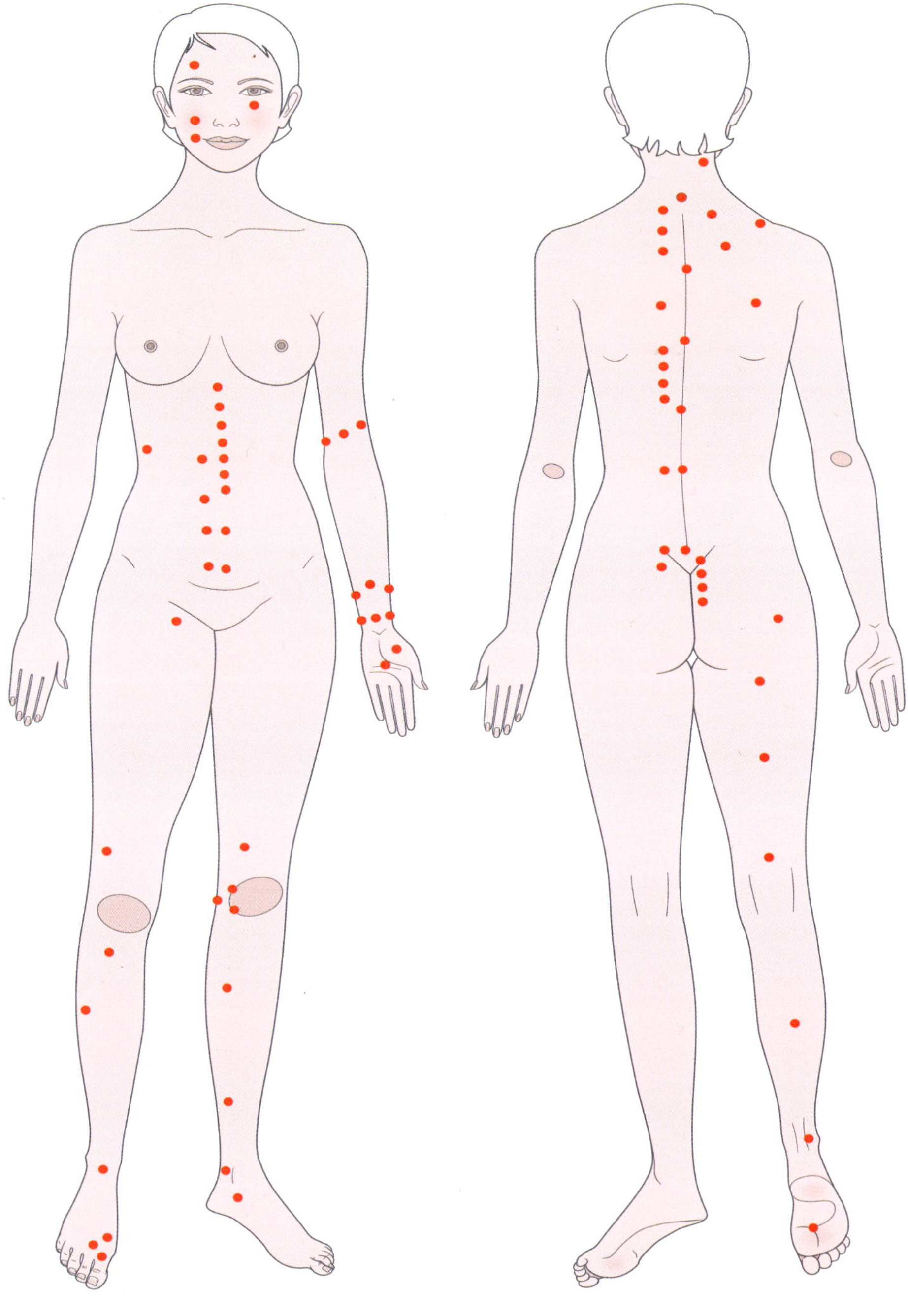

(1) 단혈

· **백회(百會)**

-위치 : 머리 꼭대기, 양쪽 귀의 꼭대기 선을 연결한 선의 교차점에 위치.

-효과 : 두통, 현기증, 신경계 강화 및 정신적 피로 회복, 뇌혈류 개선, 집중력 증진, 기혈의 순환을 촉진, 몸과 마음의 균형을 맞추는 데 효과적.

· **전정(前頂)**

-위치 : 백회혈에서 앞으로 1.5寸 부위.

-효과 : 두통, 부종, 현기증, 축농증, 소아 경풍, 정수리 아픈 경우.

· **신회(顖會)**

-위치 : 앞머리의 헤어라인 정중선에서 위로 2寸.

-효과 : 앞머리 탈모, 비듬이 많은 지루성 두피, 두통, 어지럼증, 코피, 건망증, 안염.

▶ 어린아이 숨구멍이 닫힌 자리로 미추신경, 신경과민, 신경쇠약에 효능이 있다.

· **상성(上星)**

-위치 : 앞머리 헤어라인 가운데서 위로 1寸 부위.

-효과 : 두통, 비염, 축농증, 열병.

· **신정(神庭)**

-위치 : 앞머리의 헤어라인 정중선에서 위로 0.5寸 .

-효과 : 두통, 어지럼증, 불면증, 비염, 정신 질환.

· 전중(단중, 膻中)

-위치 : 가슴의 중앙에 위치하며, 제4늑간과 수평을 이루는 곳에 위치.

-효과 : 가슴울혈, 늑간염, 유선염, 정신적 안정, 가슴 통증 완화, 호흡기 개선.

▶ 임산부의 젖이 부족할 때 효능이 있고 특히 심장의 상태가 나타나는 반응점으로 이 혈이 막히지 않게 항상 신경을 써야 한다.

· 인당(印堂)

-위치 : 양쪽 눈썹 사이 미간의 정중앙에 위치.

-효과 : 불면증, 우울증, 불안 장애, 비염, 콧물, 가려움, 코 점막의 부종, 두통, 눈의 피로.

· 인중(수구, 水溝)

-위치 : 코 아래 인중의 정중앙에 위치.

-효과 : 여드름, 안면 부종, 안면 근육 경직될 때, 소아 경풍, 뇌출혈, 뇌 빈혈, 구안와사.

▶ 정신이 혼미할 때 소생시키는 혈이다.

· 승장(承漿)

-위치 : 아래턱 정중선에서 아랫입술 아래쪽 오목한 곳.

-효과 : 치통, 구안와사, 뇌졸중, 안면 신경 마비, 언어 장애, 잇몸통증.

· 염천(廉泉)

-위치 : 후두돌기 위쪽, 설골하연의 오목한 곳에 위치.

-효과 : 기관지염, 천식, 턱선 처짐, 이중 턱, 갑상 선염, 언어장애, 설하종통, 폭음.

· 옥당(玉堂)

-위치 : 앞 가슴 부위, 앞 정중선 위, 셋째 갈비뼈 사이 공간과 같은 높이에 위치.

-효과 : 기침, 기관지염, 천식, 늑막염, 구토.

· 자궁(紫宮)

-위치 : 앞 정중선 위, 둘째 갈비 사이 공간과 같은 높이에 위치.

-효과 : 기침, 천식, 기관지염, 식도 협착, 폐결핵, 늑막염.

· 화개(華蓋)

-위치 : 앞가슴 부위, 앞 정중선 위, 첫째 갈비 사이 공간과 같은 높이에 위치.

-효과 : 기관지염, 인후염, 천식, 가슴 통증, 늑막염.

▶ 꽃이 핀다는 뜻의 혈로서 폐를 일컫는다.

· 선기(璇璣)

-위치 : 앞가슴 부위, 앞 정중선 위, 목 아래 패임에서 아래쪽으로 1 寸.

-효과 : 기침, 천식, 기관지염, 인후염, 가슴 통증.

· 천돌(天突)

-위치 : 목 앞 부위, 앞 정중선, 목아 래 패임의 중심에 위치.

-효과 : 인후염, 갑상선염, 기관지천식, 성대 질환, 구토.

· 아문(啞門)

-위치 : 목의 뒤쪽에 위치하며, 후두골 아래와 경추 사이의 오목한 부위.

-효과 : 후두통, 히스테리, 정신착란, 코피, 중풍, 폐렴, 기관지염, 기미.

(2) 쌍혈

· 미충(眉衝)

-위치 : 독맥경의 신정 혈과 방광경의 곡차 혈 사이.

-효과 : 두통, 코의 질환, 눈가 주름, 안구 건조증.

· 곡차(曲差)

-위치 : 신정 양옆 1.5寸.

-효과 : 두통, 눈의 피로, 시각 장애, 편두통에 효과적, 안면 통증, 알레르기성 피부, 건조증.

· 두유(頭維)

-위치 : 머리의 정수리, 양쪽 귀의 최고점을 연결하는 선의 중앙에 위치.

-효과 : 두통, 현기증, 어지럼증 완화, 정신적 안정, 기억력과 집중력 향상, 여드름, 두통으로 인해 얼굴 혈색 저하 시, 탈모, 얼굴 근육경련, 이마주름.

· 현로(縣盧)

-위치 : 측두부 중앙으로 음식을 씹으면 근육이 움직이는 곳.

-효과 : 편두통, 얼굴 부기, 눈 바깥쪽 통증, 안면부종, 얼굴경직.

· 현리(縣釐)

-위치 : 귓불 바로 앞에서 약간 아래, 두개골 뒤쪽에 위치.

-효과 : 어지럼증, 귀통증, 편두통에 효과적, 목과 어깨의 통증 완화, 신경쇠약, 안면홍조, 여드름.

· 곡빈(曲賓)

-위치 : 귀바퀴 상근부의 전상측 5푼.

-효과 : 편두통, 두통, 삼차신경통, 기미, 피지 분비 조절, 복합성 피부, 거친 피부.

· 화료(和髎)

-위치 : 귀젖 앞 위쪽. 이문에서 사죽공 쪽으로 0.5寸 거리.

-효과 : 편두통, 이명, 안면 신경 마비, 염증성 여드름.

· 이문(耳門)

-위치 : 귀젖 앞부분, 입을 벌리면 홈이 지는 곳.

-효과 : 이명, 삼차신경통, 안면 신경 마비, 중이염, 피부 윤택, 안면 근육의 경직, 턱선의 비대.

· 청궁(聽宮)

-위치 : 귓구멍 앞쪽의 입을 벌리면 오목한 부위.

-효과 : 이명. 두통, 어지럼증, 중이염, 안면 주름, 얼굴 측면의 여드름, 광대뼈 돌출 방지.

▶ 귀 속으로 통하는 혈로써 귀 울림이나 삼차신경 치료에 특효 혈이다.

· 청회(聽會)

-위치 : 청궁혈 바로 아래 귓바퀴 뿌리가 있는 곳으로 이곳도 입을 벌리면 약간 들어가는 자리.

-효과 : 이명, 중이염, 청력 저하, 안면 신경 마비, 삼차신경의 이상, 안면 근육 경직, 안면홍조.

· 찬죽(攢竹)

-위치 : 눈썹의 안쪽 끝 부위에 위치.

-효과 : 눈가 색소침착, 눈 주위 주름 개선, 눈꺼풀 처짐, 눈 피로, 눈

부종, 두통, 눈물 흐르는데, 시야 흐림 시, 급성결막염, 재채기, 구안와사.

· 광명(光明)

-위치 : 눈썹 중앙 바로 위.

-효과 : 어깨 통증, 시신경 안정.

· 어요(魚腰)

-위치 : 머리의 이마부위, 동공 바로 위의 눈썹 중앙 부위.

-효과 : 어깨통증, 눈꺼풀 처짐 예방.

· 사죽공(絲竹空)

-위치 : 눈썹 끝의 외단에서 오목한 곳.

-효과 : 두통, 눈의 피로, 눈물 과다 분비, 시각 장애, 두통과 눈의 염증을 개선, 각막염, 안면 신경 마비, 안면근육의 경직, 안검순동, 치통, 눈의 충혈, 눈 주위 모공 확대.

· 정명(睛明)

-위치 : 눈 안쪽과 콧대 사이에 위치.

-효과 : 눈을 맑게, 눈가 주름 개선, 눈의 피로, 눈물이 흐르는데, 난시, 근시, 원시, 눈병 일체, 유행성 결막염, 야맹증.

▶ 눈이 피로할 때 시신경을 안정시킨다.

· 승읍(承泣)

-위치 : 얼굴, 동공에서 수직으로 아래 쪽, 안구와 눈확아래 모서리(infraorbital margin)의 사이.

-효과 : 눈 아래 주름살 개선, 눈 아래 늘어짐 방지, 눈을 맑게, 시신경 피로, 야맹증, 구안와사, 눈물 과다, 눈병, 원시, 근시.

· 사백(四白)

-위치 : 얼굴, 안와 아래 구멍.

-효과 : 색소침착, 얼굴부종, 피부윤기 부여, 주름살 개선, 눈을 맑게, 눈 아래 주름살 개선, 신경통, 안면 신경 마비, 축농증.

· 동자료(瞳子髎)

-위치 : 외안각의 옆으로 5푼이며 안와 외측연의 요함부.

-효과 : 두통, 목적통, 시력감퇴, 구안와사, 눈가 주름, 눈을 맑게.

· 태양(太陽)

-위치 : 눈썹 바깥쪽 끝과 目外眥의 중점으로부터 뒤로 1寸.

-효과 : 눈 주변 주름제거, 시신경, 편두통, 어지럼증, 치통, 구안와사, 눈병 일체, 이명.

▶ 편두통에 효능이 있으며, 머리가 아프면 상호 반대방향의 태양혈을 자극시켜 주면 편두통이 완화된다.

· 비천(費穿)

-위치 : 영향혈에서 코를 따라 손가락 한 마디 정도 위로 올라가면 코뼈가 만져지는 지점.

-효과 : 나이 들어 코가 낮아지는 것을 예방한다.

· 거료(巨髎)

-위치 : 얼굴, 동공에서 수직으로 아래쪽, 콧방울 아래 모서리와 같은 높이.

-효과 : 볼 처짐 방지, 노폐물 배출, 축농증, 비염, 치통, 구안와사, 코피, 안면 신경 마비, 녹내장, 각막염, 윗니 통증, 혈행 완화.

· 하관(下關)

-위치 : 광대뼈 아래 라인과 턱 저작근이 만나는 곳에 위치.

-효과 : 얼굴 부종, 주름살 개선, 기미, 주근깨, 여드름, 미백 효과, 치통, 이명, 안면신경마비, 턱 탈골, 볼거리, 잇몸 염증.

▶ 저작근의 움직임을 주관하는 혈이다.

· 지창(地倉)

-위치 : 얼굴, 입꼬리에서 가쪽으로 0.4寸.

-효과 : 입가 처짐 방지, 피부 윤기 부여, 입 주위 주름 개선, 안면부종, 눈꺼풀 떨림, 안면 신경 마비, 침을 흘릴 때, 입 비대칭.

· 대영(大迎)

-위치 : 얼굴, 턱뼈각 앞쪽, 깨물근부착 부분 앞쪽 오목한 곳, 얼굴동맥이 뛰는 곳.

-효과 : 이중턱제거, 입술 경련, 볼 처짐 방지, 치통, 치아 갈 때, 구안와사, 안면 신경 마비.

▶ 대장경을 맞이하는 혈로 치통에 효과가 있어 치과에서 이를 뽑을 때 마취주사를 놓는 곳이다.

· 협차(頰车)

-위치 : 아래 뺨 위경에 위치.

-효과 : 여드름, 이중턱 제거, 부종, 뺨의 주름 개선, 얼굴 부종, 피부 윤기 부여, 목선 지방 제거, 볼거리, 치통, 안면 신경 마비, 목쉼 증상.

▶ 턱 탈골 시 이곳을 쳐서 올리면 턱뼈가 제자리에 들어간다.

· 인영(人迎)

-위치 : 울대 좌우 3cm 부근 경동맥 맥박이 뛰는 곳에 위치.

-효과 : 목 쉼 증상, 목 주름 개선, 부종성 비만, 갑상선, 인후염, 편도선염, 천식, 폐출혈, 고혈압, 류머티즘.

▶ 인간 생명을 주관하는 중요 혈이다. 심장 박동과 혈압의 동태 파악 및 고혈압 환자에게 침을 놓아 혈압을 내려주고 기관지의 만성 질환이나 갑상선의 변화를 조절하는 데도 탁월한 효과가 있다. 이 곳의 맥이 끊어지면 사망에 이를 수 있다.

· 수돌(水突)

-위치 : 목 앞 부위, 반지연골과 같은 높이, 목빗근 바로 앞쪽.

-효과 : 혈압, 인후염, 기침, 천식, 편도선염, 이하선염, 목 쉼 증상 완화.

· 대추(大椎)

-위치 : 목 뒷면, 일곱 번째 목뼈(C7)의 가시돌기와 바로 아래에 위치한 첫 번째 허리뼈(T1)의 가시돌기 사이의 오목한 곳 정중앙.

-효과 : 비듬, 기미, 노인 반점, 여드름, 노화 예방, 두통, 감기, 열병, 천식, 간질, 정신병, 뇌일혈.

· 완골(完骨)

-위치 : 유양돌기 하후방 오목한 부위.

-효과 : 난청, 이명, 구안와사, 편두통, 불면증.

· 풍지(風池)

-위치 : 목 뒤 중앙에서 양쪽 귓불 방향으로 약 1.5cm 정도 떨어져 있는 오목한 곳.

-효과 : 두통, 현기증, 심한 목 통증, 눈물, 코피, 난청, 뇌졸중, 구안와사, 비염, 감기.

▶ '풍이 모여 있는 연못' 이란 뜻으로 풍을 다스리는 중요한 혈이다. 특히 중추로 몰려드는 풍사를 몰아내는 혈이다.

· 각손(角遜)

-위치 : 눈과 귀 뒷부분을 이어주는 선상에 위치.

-효과 : 치통, 이명, 여드름, 볼 부위 처짐, 얼굴 부종.

· 노식(顱息)

-위치 : 귀의 뒤로 이륜을 따라 예풍과 각손 상단과 중앙 3분의 1 지점이 교차하는 곳.

-효과 : 두통, 이명, 여드름.

▶ 계맥과 노식혈은 불로장수혈로 알려졌으며 노화 예방에 효과적이다.

· 계맥(瘈脈)

-위치 : 머리, 꼭지돌기 중심, 翳風에서 角孫을 연결하는 곡선에서 위쪽으로부터 2/3와 아래쪽으로부터 1/3이 되는 지점.

-효과 : 여드름, 귀 울림, 두통, 소아 경련, 벙어리.

· 예풍(翳風)

-위치 : 하악각과 유양돌기 사이의 요함부.

-효과 : 두통, 편두통, 어지럼증, 눈의 피로, 시력 개선, 이하선염, 이명, 언어장애, 여드름, 얼굴 근육의 경직, 안면의 비화농성 여드름, 모낭 각화, 볼 부위 여드름, 안면신경의 경직.

· 천주(天柱)

-위치 : 목의 뒤쪽에 위치하며, 아문의 옆으로 1.3寸.

-효과 : 두통 및 어지럼증 완화, 목 통증, 어깨 통증, 목의 경직 완화,

호흡기 질환 완화, 눈의 피로 및 시각 장애에 효과적, 정신적 안정 및 스트레스 완화, 여드름, 입술 건조.

▶ 하늘을 떠받드는 기둥이라는 뜻의 중요한 혈로써 열이 나며 머리가 아플 때 이곳을 자극하면 효능이 있고 뇌 속으로 영양을 공급하고 두뇌 활동을 활발하게 한다.

· 용천(湧泉)

-위치 : 발바닥에 위치, 족저에서 발을 오므렸을 때 나타나는 요함.

-효과 : 부인과 질환, 신장 장애, 부종에 의한 비만, 피로 회복 및 기력 증진, 열을 내려주는 효과, 불면증 치료, 호흡기 질환 개선, 어지럼증 및 현기증 개선.

· 노궁(勞宮)

-위치 :손바닥 중앙에 위치하며, 중지와 약지 사이, 손바닥을 가로지르는 선의 중간.

-효과 : 심장과 심리적 안정, 소화기 문제(소화불량, 속쓰림, 메스꺼움 등), 귀 울림, 안면 신경 마비, 갑상선 종대, 여드름, 손바닥의 열증, 신경성 미용 증상.

· 합곡(合谷)

-위치 : 합곡혈은 손등에 위치하며, 엄지손가락과 검지손가락 사이의 움푹 들어간 부분.

-효과 : 두통, 편두통 완화, 치통 및 안면 통증 완화, 감기, 피부정화, 여드름, 눈 충혈감, 피부 부스럼, 얼굴 색소 침착, 안면 경직, 소화계 문제 해결, 호흡기 질환에 효과적.

PART 03

브론즈 도구의 이해

01 브론즈 도구의 이해

02 브론즈 도구의 종류 및 명칭

03 브론즈 도구의 효과

04 브론즈 도구의 사용법 및 유의사항

Oriental

Bronze Therapy

Practice

PART 03

브론즈 도구의 이해

1 브론즈 도구의 이해

교재에 사용된 브론즈 도구는 보름달에 비친 감꽃을 형상화하여 구리와 주석을 78:22 비율로 제작되었으며 우리 선조들이 사용하던 놋그릇 소재이다.

근육과 경혈점을 고려한 인체공학적 설계로 디자인하여 특허 출원한 브론즈 도구로 관리사의 손이나 관절에 무리를 최소화하면서 인체 항균 작용 및 디톡스 기능을 향상시키고자 고안되었다.

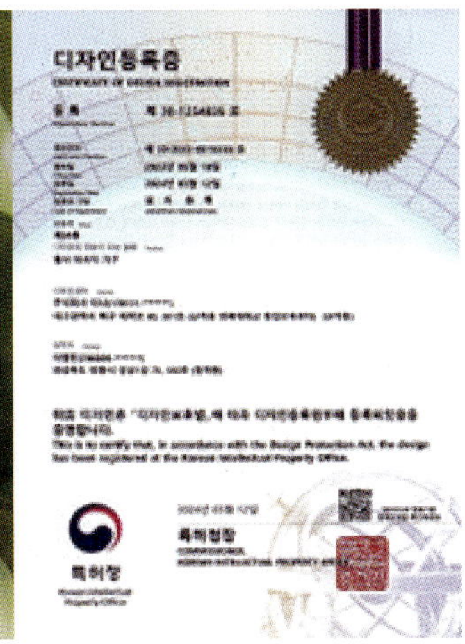
디자인등록증

특허청

2 브론즈 도구의 종류 및 명칭

1) 브론즈 도구의 종류 및 명칭

초승달 브론즈

반달 브론즈

보름달 브론즈

브론즈 세트

2) 브론즈 도구의 부위별 명칭

보름달 브론즈 full moon	반달 브론즈 Half Moon	초승달 브론즈 new Moon

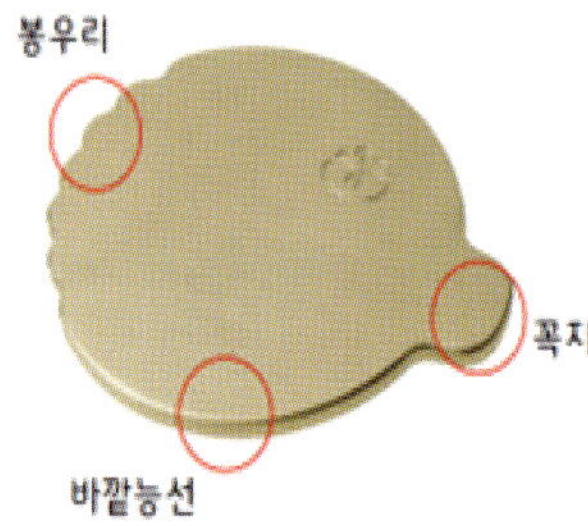

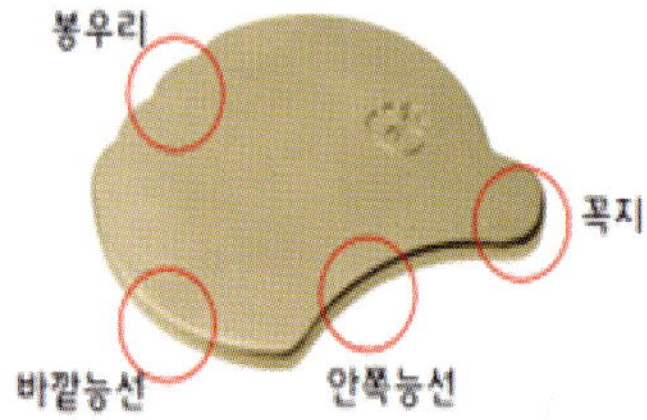

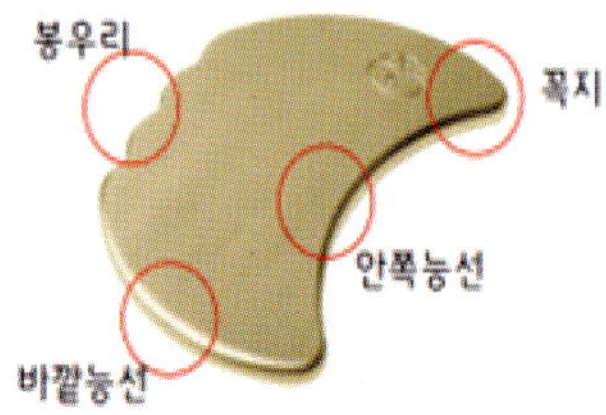

보름달 브론즈	반달 브론즈	초승달 브론즈
특허 : 30-2023-0019236	특허 : 30-2023-0019238	특허 : 302023-0019240
두피, 등, 복부, 허벅지, 힙, 서혜부 등 넓은 부위에 최적화된 괄사	두피, 흉쇄유돌근, 쇄골 안쪽, 액와, 팔, 종아리, 허벅지, 승모근 등 연결부위에 최적화된 괄사	편안한 그립감으로 손목에 무리를 주지 않고 손과 발, 안면 등 집중 부위에 최적화된 괄사

3 브론즈 도구의 효과

1) 해독효과

(1) 인체 디톡스 및 항균작용

구리는 다양한 신체 기능에 중요한 역할을 하는 필수 미량 미네랄이다. 브론즈 도구는 미네랄(Cu^+)과 미량원소(구리, 아연, 셀레늄)를 방출하며, 항균 및 해독작용을 통해 인체 내 노폐물 배출을 돕는 역할을 한다.

이는 감염을 예방하고 염증을 줄이는 데 도움이 된다. 구리는 뼈, 연골 및 기타 결합조직의 형성 및 복구에 도움이 되는 단백질인 콜라겐 생성에 필요하며 부족 시 뼈와 관절이 약해질 수 있다. 또 감염과 질병에 저항하는 백혈구 생성을 돕기 때문에 부족 시 몸이 쉽게 아플 수 있다.

구리 이온은 여러 중요한 효소의 보조인자로 작용하여 신진대사와 해독 작용을 촉진하며, 간에서 독소를 분해하는 효소의 활성화를 돕는다. 또한 염증 반응을 억제하여 염증으로 인해 발생하는 노폐물의 축적을 줄인다. 면역 시스템의 정상적인 기능을 지원하고 체내의 항산화 작용을 통해 세포와 조직을 보호한다. 이처럼 인체 전반적인 건강을 유지하는 데 중요한 역할을 한다.

(2) 자체독성 검증

독이나 화학적 케미컬 성분에 닿으면 까맣게 변색되므로 관리하는 제품이 피부에 안 좋은 성분은 없는지 확인이 가능하다.

(3) 자체소독 정화

별도의 소독이 필요하지 않아 안심하고 관리할 수 있다.

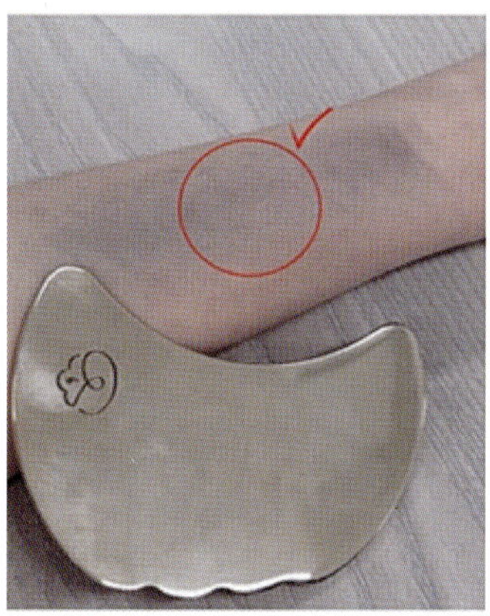

화장품에 함유된 화학적 케미컬 성분은 브론즈로 관리 시 까맣게 변색

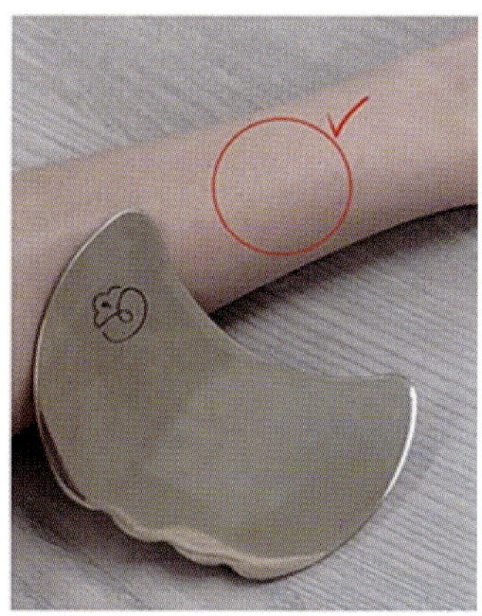

화학적 케미컬 성분이 함유되지 않은 제품으로 관리 시 변색되지 않음

2) 마사지 효과

(1) 마사지 효과

뭉친 근육을 이완하고 몸의 부종을 줄여 체형 관리에 효과적이다.

두피, 두개골, 근육, 안면, 근막을 자극시킴으로써 얼굴 윤곽 관리에 효과적이다.

항균, 항염 금속으로 셀룰라이트와 지방분해 대사를 촉진한다.

해독 작용이 있어 얼굴 부종을 완화하고 얼굴 축소 관리에 효과적이다.

단시간 관리로 입체적인 동안 윤곽 관리가 용이하다.

표피 아래 진피층과 근육층 깊숙이 영향을 끼쳐 콜라겐과 엘라스틴을 활성화시켜 탄력 관리에 효과적이다.

브론즈 테라피는 모공축소, 매끄러운 피부 결, 피부 미백 관리에 효과적이다.

두상 및 두피 관리시 두피 열감 해소 및 혈행을 촉진하여 모공에 쌓인 노폐물을 배출하고 모근 영양 공급에 도움이 된다.

스트레스 완화 및 정신적 피로감 해소로 집중력 향상과 만성 피로 해소에 도움이 된다.

윤곽 마사지

근육 마사지

(2) 시원한 도구 압

브론즈의 묵직함으로 손에 과도한 힘을 주지 않고도 시원한 브론즈 도구의 압을 느낄 수 있다.

(3) 온도별 맞춤 관리

구리 특성상 전도율이 높아 온도별 수축, 이완 관리가 용이하다.

(4) 사용의 안전성 및 영구적 사용

단단한 내구성으로 파손 우려가 없고 보관 시 세균 번식이나 오염될 우려가 없어 안심하고 사용할 수 있다.

(5) 다양한 적용성

얼굴이나 바디 관리시 림프절(액와나 서혜부 부위)에 따뜻한 브론즈를 올려주어 하체냉증 및 항균 효과와 림프 배농 효과를 촉진한다.

하이드로테라피나 사운드테라피, 아로마테라피와 접목하면 효과를 극대화할 수 있다.

손이나 손목에 무리가 가지 않으면서 관리효과를 배가할 수 있다.

피부 상태나 건강 상태에 따라 냉온 관리를 적절히 적용시킬 수 있다.

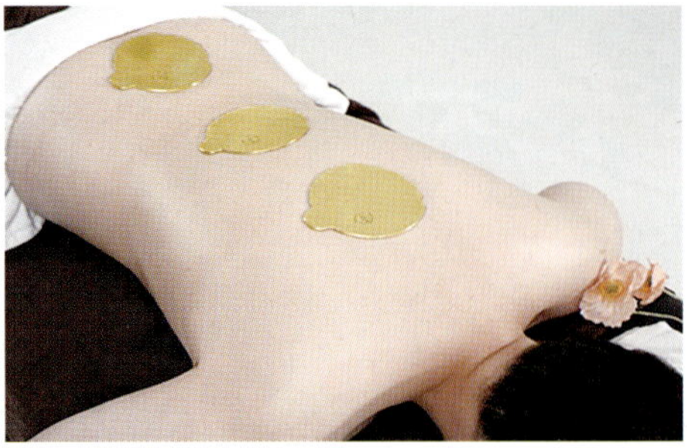 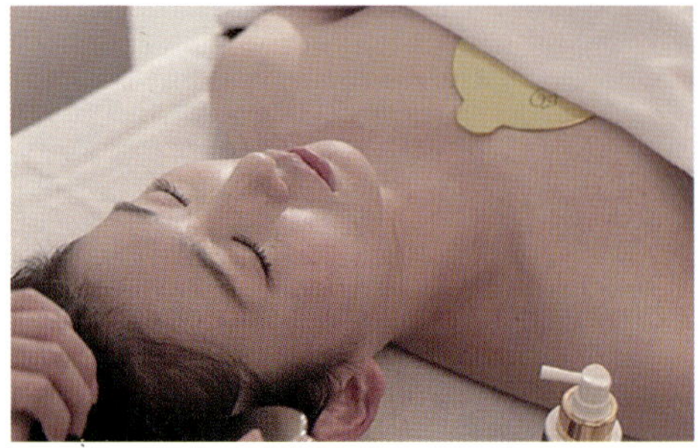

4 브론즈 도구의 사용법 및 유의사항

① 마사지 효과를 높이기 위해서는 마사지 부위에 전용 오일이나 마사지 크림을 바른 후 사용한다.
② 처음 제품 사용 시 제품을 식초나 베이킹소다에 담근 후 세척하여 사용한다.
③ 마사지에 들어가기 전에는 피부를 청결히 한다.
④ 어혈 및 멍이 잘 드는 분은 사용에 유의한다.
⑤ 메이크업이나 화학 성분이 강한 화장품류와 반응하는 구리 제품의 특성상 피부에 검게 묻어날 수 있으니 사용에 주의한다.
⑥ 사용 후 비눗물로 깨끗하게 닦아 물기를 제거한 후 전용 상자에 보관한다.
⑦ 브론즈는 열전도율이 높아서 사용 목적에 따라 따뜻하게 혹은 차갑게 사용하면 효과를 더욱 높일 수 있다.
⑧ 따뜻하게 사용 시 화상에 주의한다.
⑨ 사용 부위와 조건에 맞게 방향을 바꿔 사용하면 더욱 다양한 효과를 볼 수 있다.
⑩ 인체 독소 배출이 많을 시 브론즈가 검게 변할 수 있다. 이럴 경우 수세미에 세제를 묻혀 깨끗이 씻은 후 물기를 제거하고 보관한다.

PART 04 브론즈 테라피의 적용 방법

Oriental Bronze Therapy Practice

PART 04 브론즈 테라피 적용 방법

1 브론즈 테라피의 적용 방법

브론즈 테라피는 손을 이용한 매뉴얼테크닉과 브론즈 도구를 사용한 테크닉을 결합하여 적용하는 것으로 인체의 혈액순환 촉진, 근육이완과 항균 작용으로 인체의 디톡스 효과를 주는 자연치유 마사지 요법이다. 손을 이용한 매뉴얼테크닉으로 근육을 이완한 다음 인체 부위에 적합한 브론즈 도구를 사용하여 깊고 섬세한 테크닉을 적용한다.

2 매뉴얼 테크닉 종류 및 방법

(1) 쓸어서 펴 바르기 / 경찰법 / Effleurage

- 손바닥을 평평하게 펴서 피부 표면을 부드럽게 쓰다듬고 어루만지는 방식이다.
- 안면과 전신에 실시한다.
- 가장 많이 사용되는 테크닉이며 시작과 끝마무리에 사용되는 동작이다.

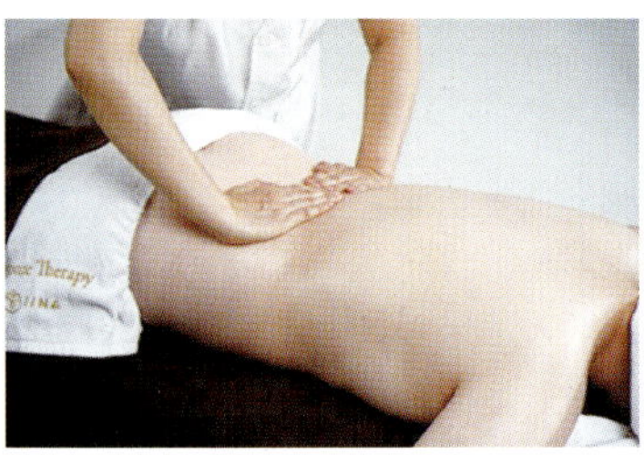
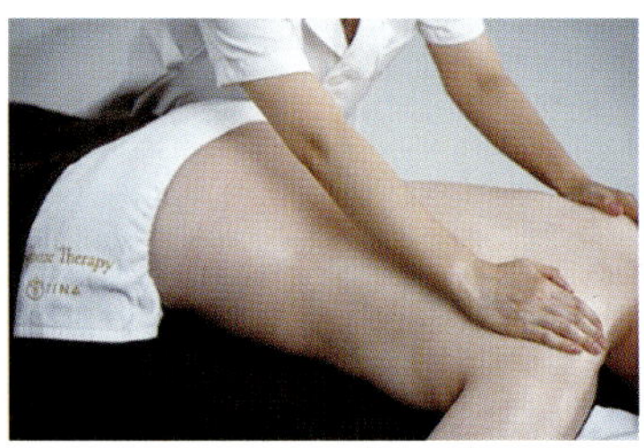
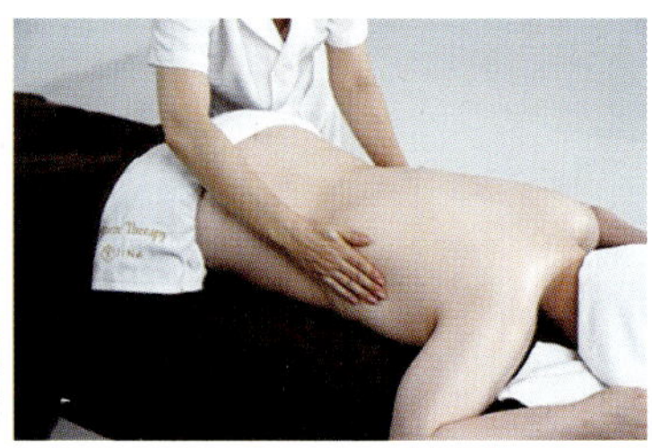

(2) 어루만져 펴 바르기 / 유찰법 / Petrissage

- 엄지와 네 손가락을 이용해서 피부와 근육을 반죽하듯이 잡았다가 놓는 동작이다.
- 반죽하듯이 비틀기, 압착하고 주무르기 등 다양한 방법이 있다.
- 주로 근육에 압력을 가하며 주무른다.

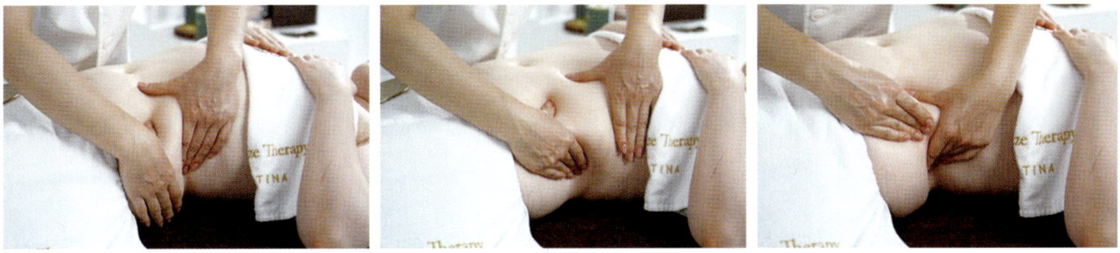

(3) 밀착하여 펴 바르기 / 강찰법 / Friction

- 엄지 또는 네 손가락 면을 이용하여 나선형으로 문지르는 동작으로 쓰다듬기보다 압이 강하다.
- 주로 볼이나 이마 부위에 실시한다.

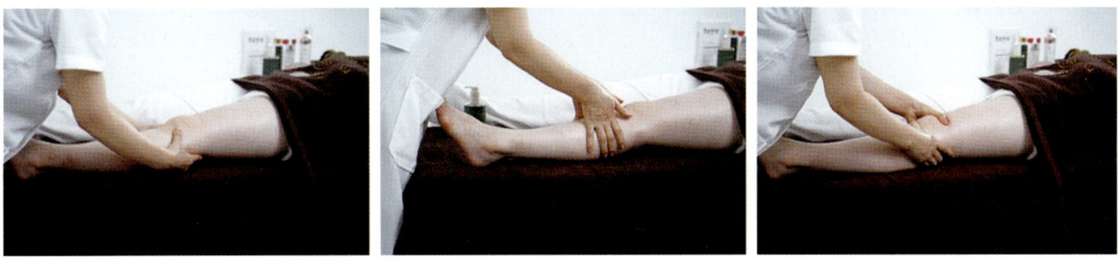

(4) 떨며 펴 바르기 / 진동법 / Vibration

- 손바닥이나 손가락을 이용하여 피부와 근육에 리듬을 살려 빠르게 진동을 주거나 흔들어 떨어주는 동작이다.
- 근육을 이완시키는 데 효과가 있는 동작이다.
- 자극이 강한 동작 이후 안정감을 주기 위해 실시한다.
- 안면 근육 조직에 진동 자극을 주는 수기법으로 볼, 턱, 팔다리에 주로 실시한다.

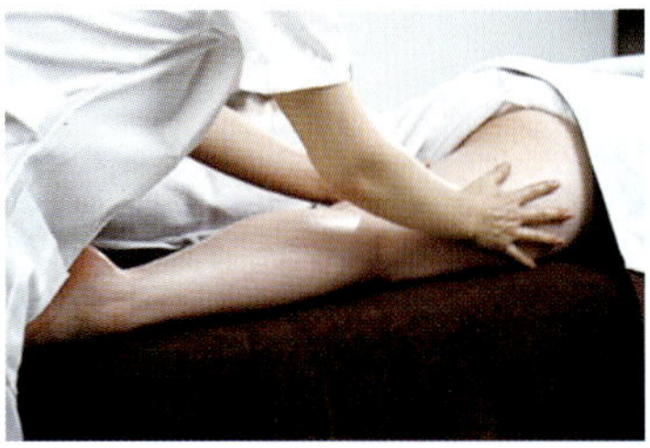
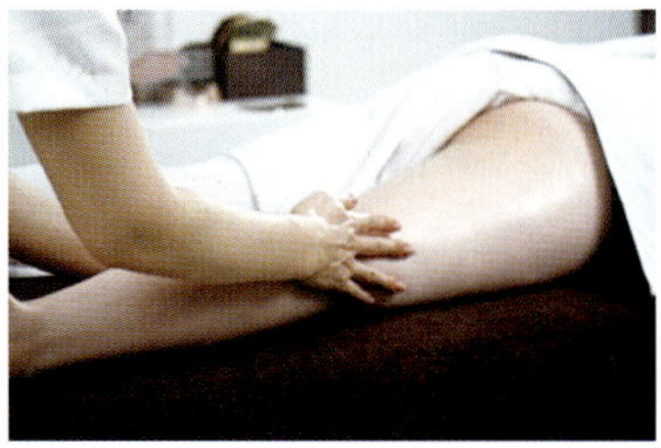
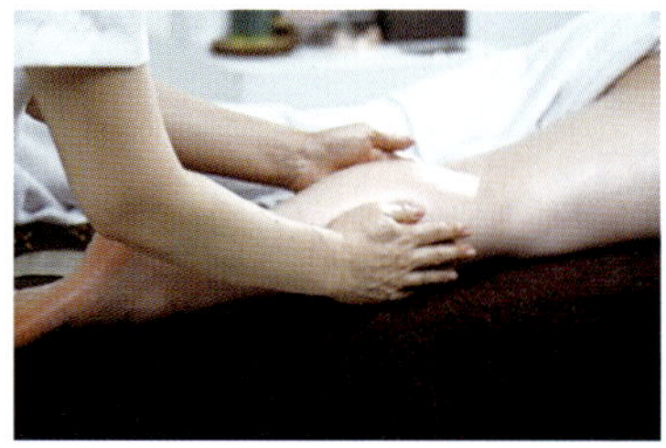

(5) 토닥토닥 펴 바르기 / 경타법 / Tapotement

- 손의 각 부위(손가락 끝, 손바닥 전체, 손날, 주먹)를 이용하여 가볍고 율동적으로 두드리는 방법이다.
- 어깨 근육, 대퇴부 등 크고 넓은 부위에 실시한다.

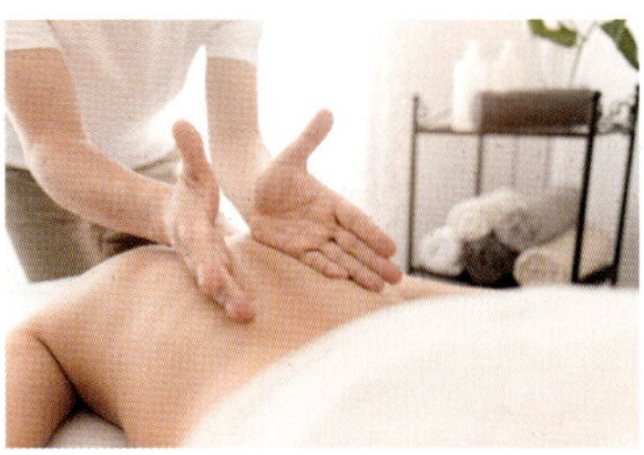
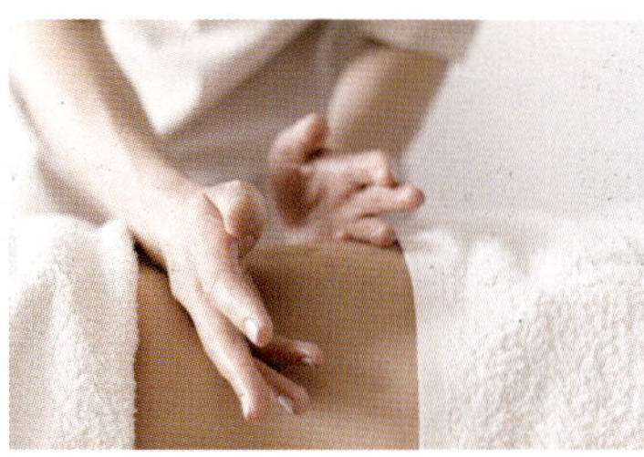
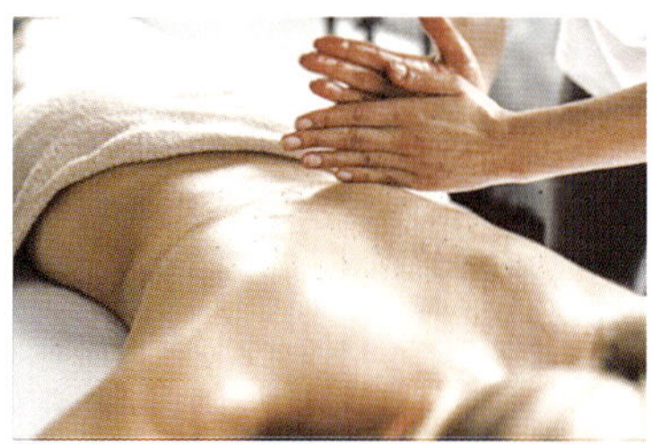

(6) 꼬집기 / Pinching

- 손끝을 이용하여 안면의 근육을 잡아서 끌어올려 꼬집듯이 튕겨준다.
- 볼과 턱, 가슴 부위에 실시한다.

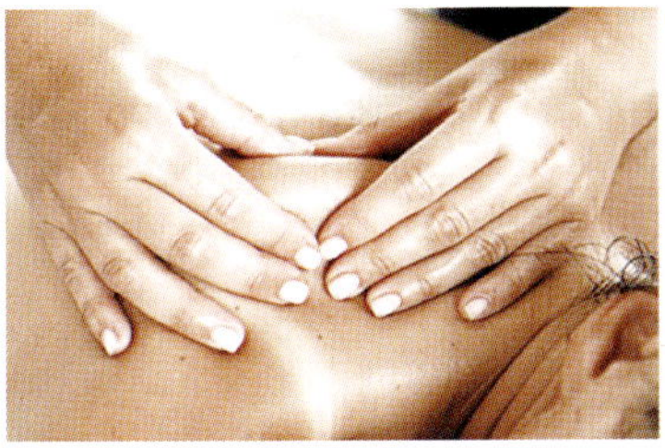

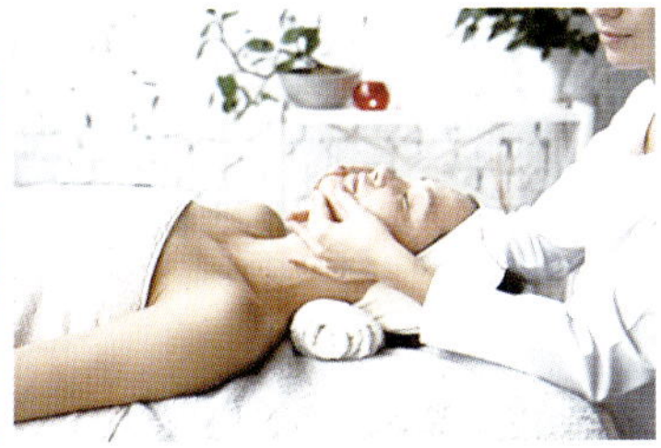

(7) 늘리기 / 신전법 / Stretching

- 근육과 인대를 늘려주는 동작이다.
- 근육에 무리가 가지 않게 서서히 누르거나 당겨주며 실시한다.

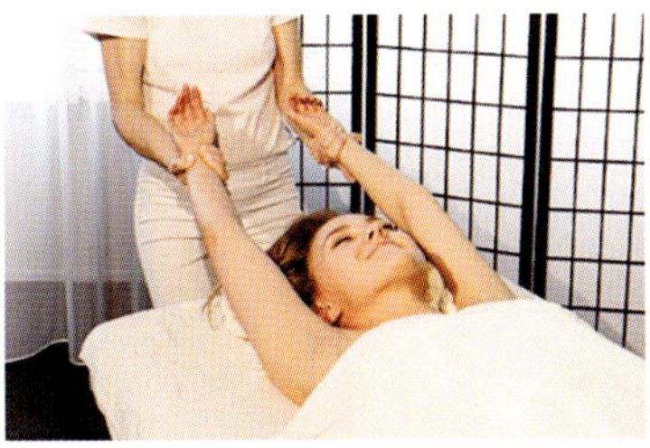
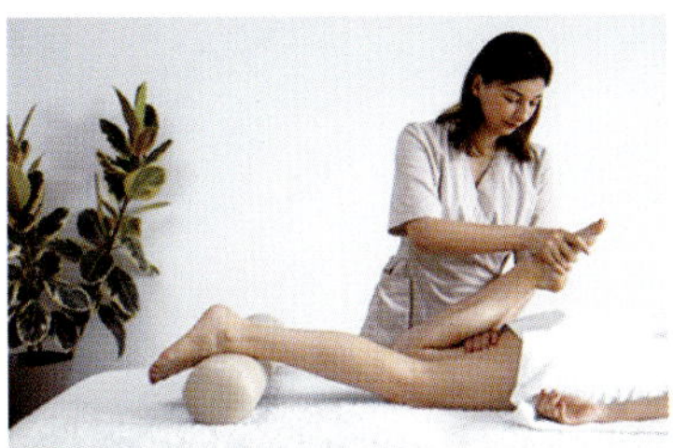
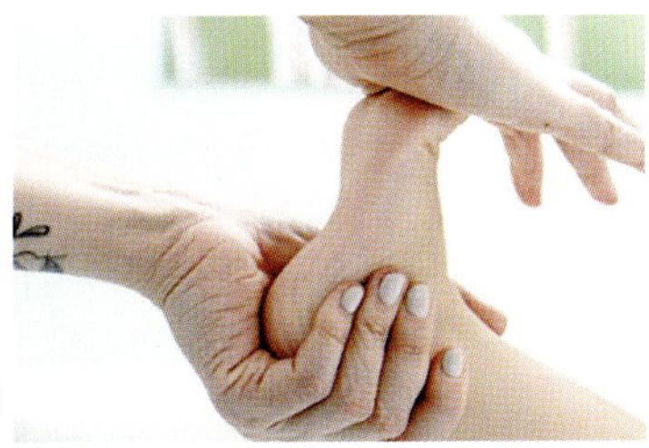

3 브론즈 도구의 적용 방법

1) 보름달 브론즈

두피, 등, 복부, 허벅지, 힙, 서혜부 등 넓은 부위에 사용한다.

2) 반달 브론즈

두피, 흉쇄유돌근, 쇄골 안쪽, 액와, 팔, 종아리, 허벅지, 승모근 등 연결부위에 사용한다.

3) 초승달 브론즈

손목에 무리를 주지 않는 편안한 그립감으로, 손과 발, 안면 등 집중 부위에 적합하다.

(1) 방향

근육의 결을 따라 아래에서 위로, 안에서 밖으로 관리한다.

림프순환이나 정맥 순환을 기초로 심장을 향하는 방향으로 근육의 결을 고려해서 관리한다.

(2) 리듬과 속도

편안하고 안정감 있는 관리를 위해 리듬감을 살린 적당한 빠르기의 속도를 유지한다.

손의 밀착력을 높여 부드럽게 관리한다.

처음과 끝은 부드럽고 약하게 시작해 점차 강도를 높이며 리듬감 있게 진행한다.

(3) 압력

개인적인 차이에 따라 압력의 정도를 적절히 조절한다.

압력이 너무 강하거나 약할 경우 매뉴얼테크닉의 효과가 떨어지므로 적절한 힘으로 세기를 조절한다.

(4) 시간

피부의 유형과 상태에 따라 적절히 조절한다.

안면 관리는 10~20분 정도, 전신 관리는 50~60분 정도로 관리한다.

(5) 자세

관리사 개인의 건강과 고객에게 유익한 관리 제공을 위해 항상 바른 자세를 유지하도록 한다.

효과를 높이기 위해서 손목의 힘만이 아닌 관리사의 체중을 실어 효과적으로 관리한다.

척추는 바로 세우고 양팔과 상체는 자연스럽게 움직이며 체중은 양쪽에 균일하게 실리도록 한다.

PART 05

브론즈 테라피 실전 테크닉

Oriental Bronze Therapy Practice

1 얼굴 관리

1) 릴렉스 관리

1. (손바닥 전체)로 데콜테 오일 도포 - 흉골(복장뼈) 쓰다듬기 - 3초간 전중혈 지그시 눌러 호흡하기

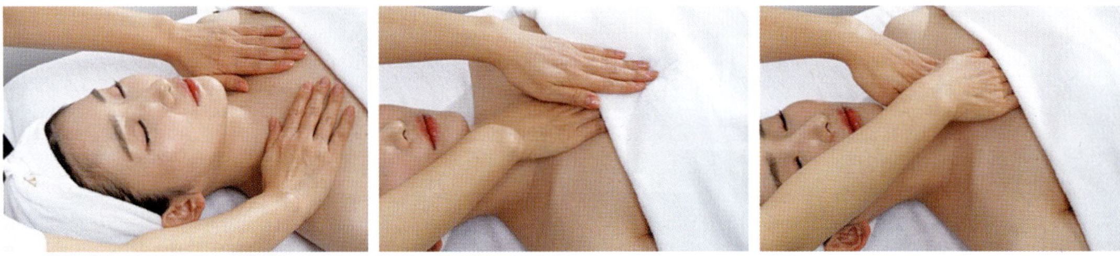

2. 데콜테 쓰다듬기 - 둥글리기 - 물결 모양 쓰다듬기 - 위로 쓰다듬기

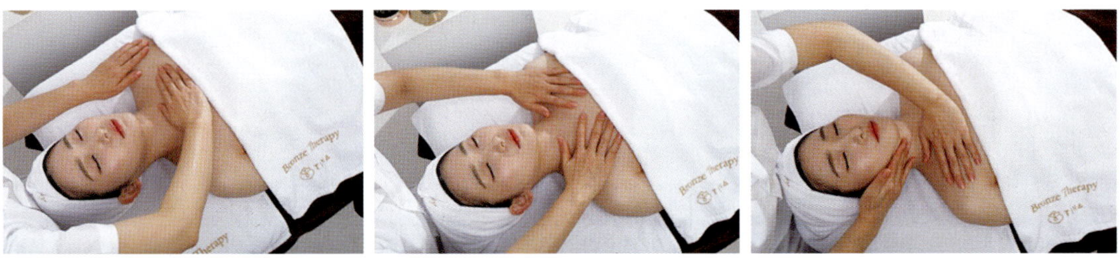

3. (손바닥 전체)로 얼굴 오일 도포 - 턱 - 볼 - 코벽 - 이마 순으로 쓰다듬기

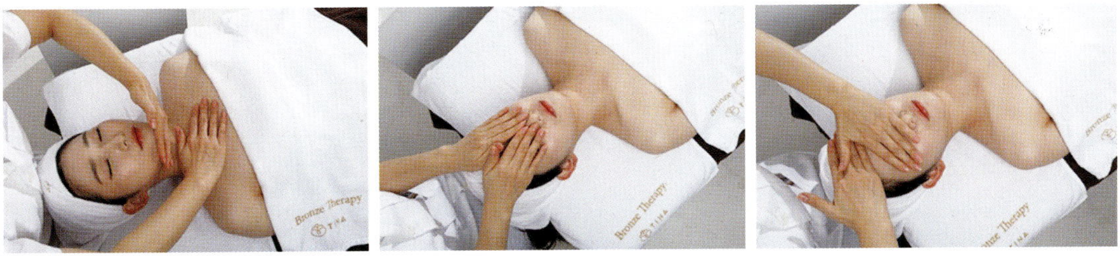

2) 브론즈 테크닉 (초승달 브론즈)

4. (봉우리)로 데콜테 한쪽씩(왼쪽 → 오른쪽) 쓸어주기

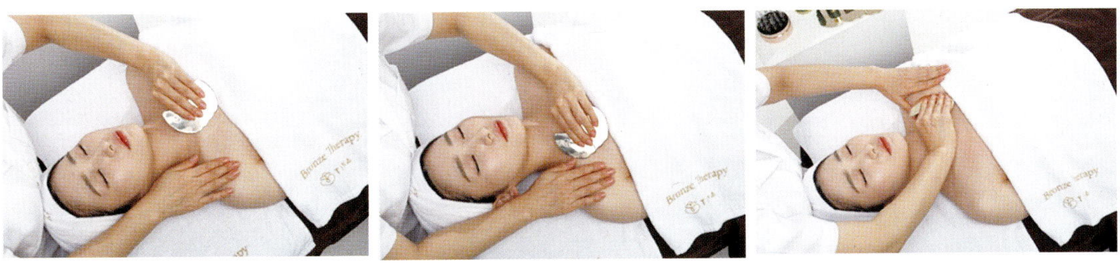

5. (봉우리)로 소흉근 - 액와 쓸어주듯 빼주기 - 전중혈 배꼽 방향으로 빼주기 5회

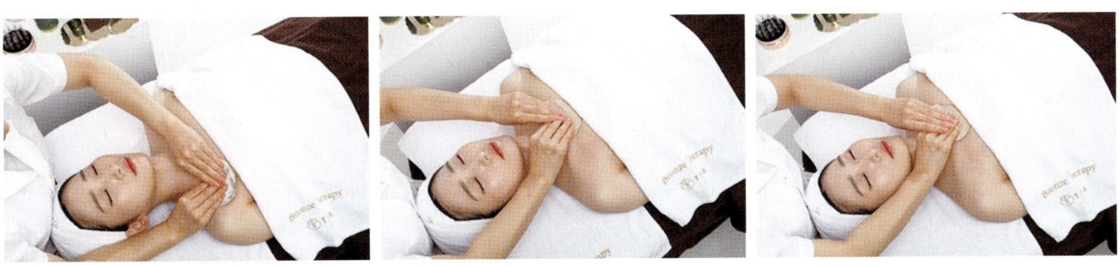

6. 목 옆으로 돌린 후 (안쪽능선)으로 승모근 – 상완 쓸어주듯 빼주기

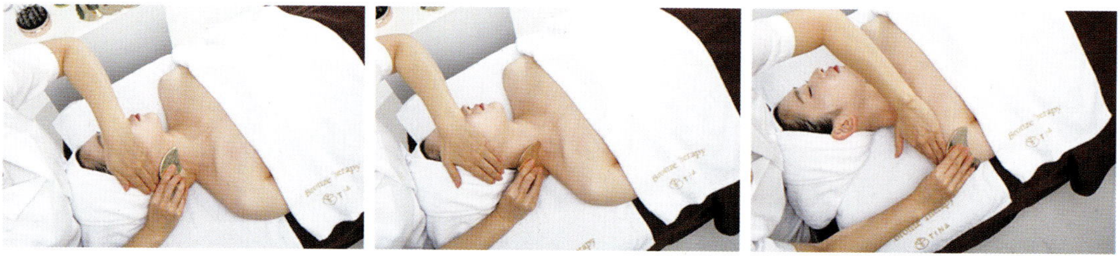

7. (안쪽능선)으로 목 전체 쓸어올리기 – 턱선으로 연결 – 염천에서 예풍혈로 쓸어주듯 빼주기

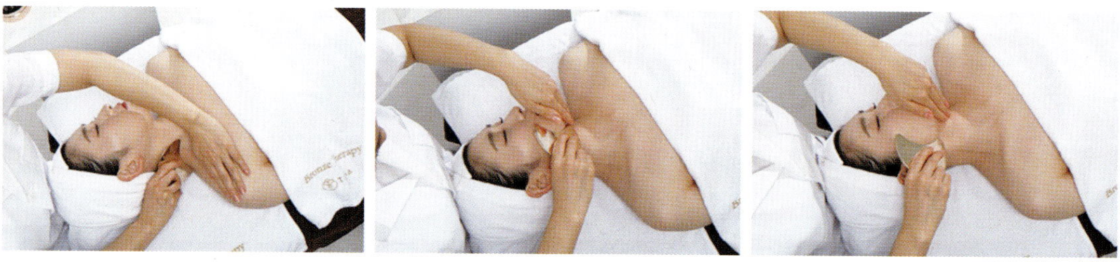

8. (바깥능선)으로 얼굴 턱선 – 입꼬리에서 귀앞 – 코옆에서 귀앞 – 눈밑에서 관자놀이로 쓸어주기

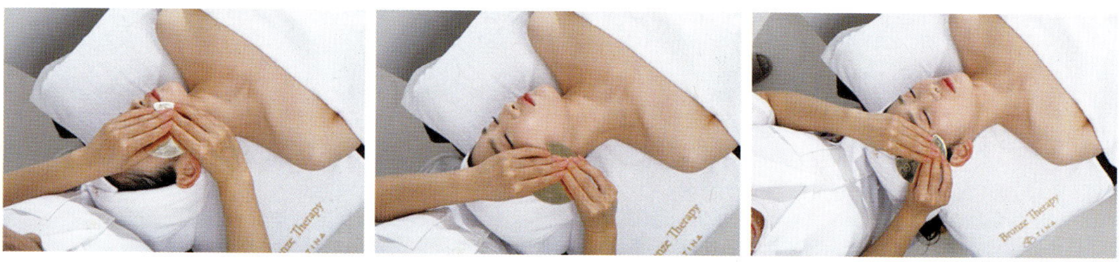

9. (바깥능선)으로 이마 - 미간 - 관자놀이까지 지그재그 쓸어주기

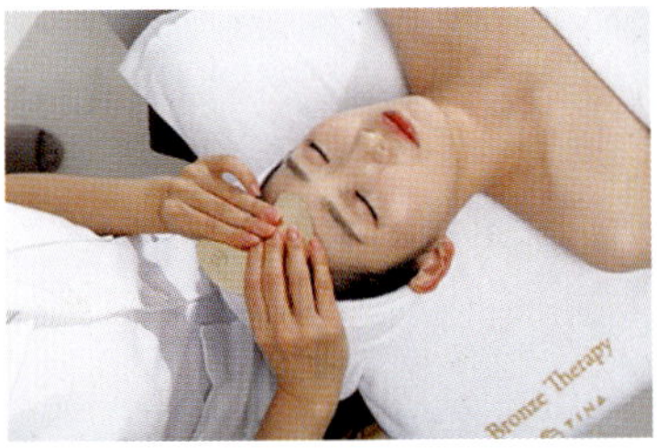
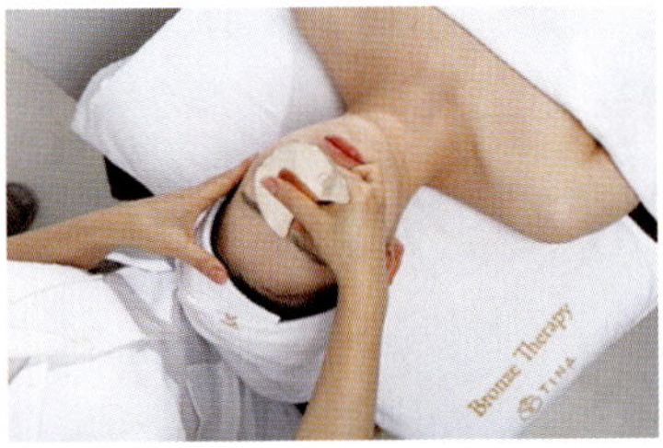
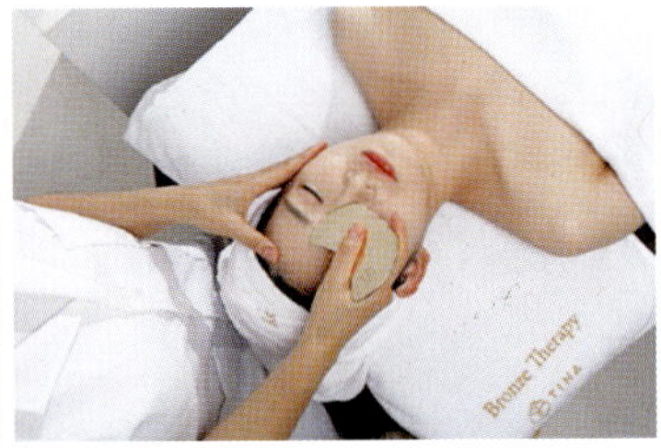

10. (바깥능선)으로 페이스 옆라인 - 전두근 헤어라인 쓸어주기

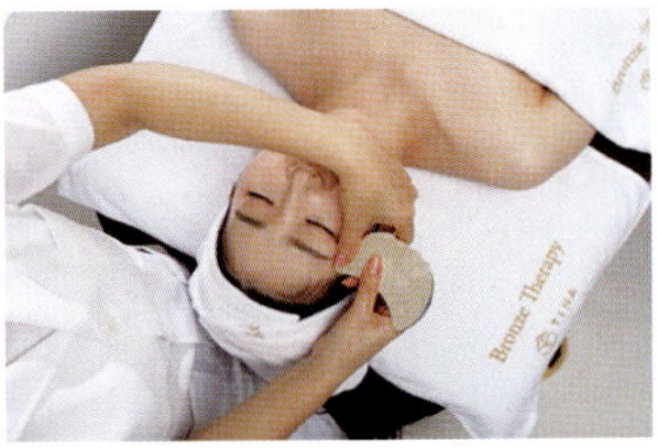
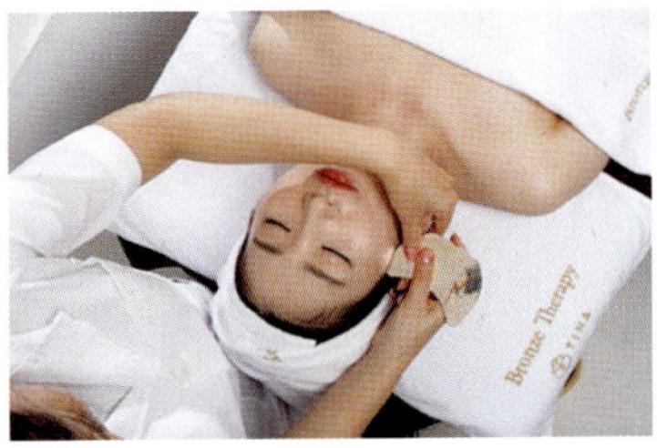
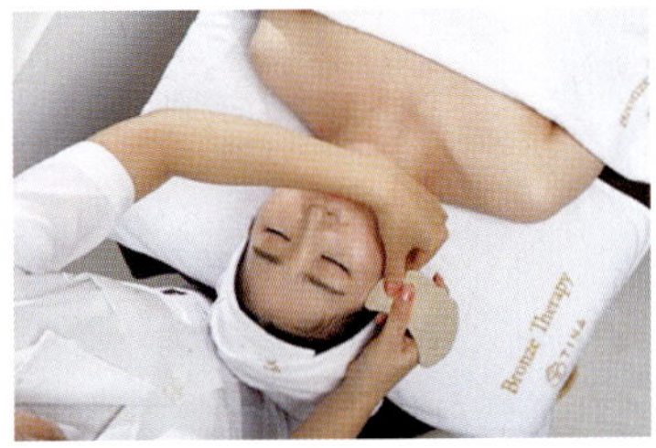

11. (꼭지)로 미간 - 추미근 - 비근 - 안륜근(눈 밑 → 관자놀이)

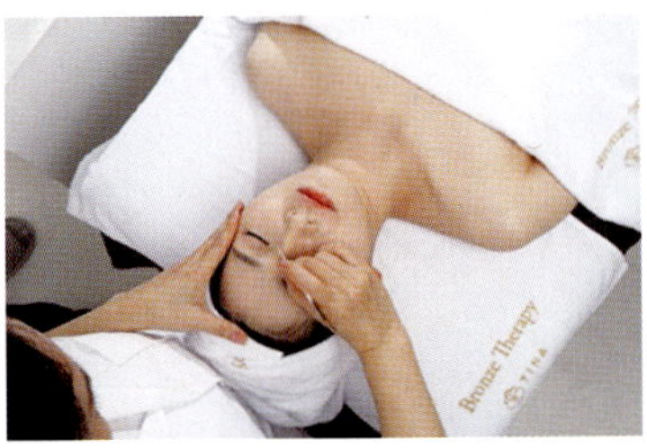
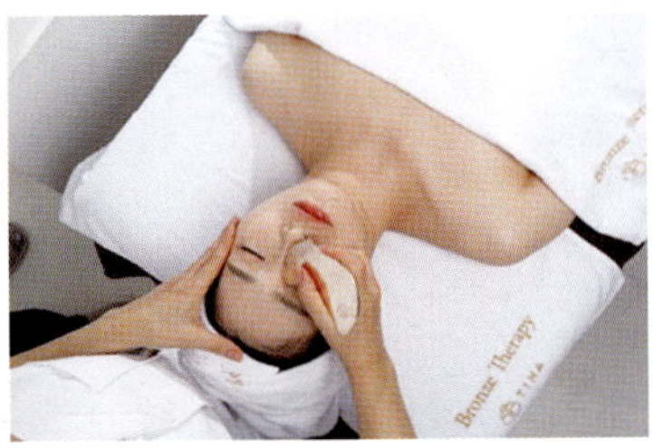
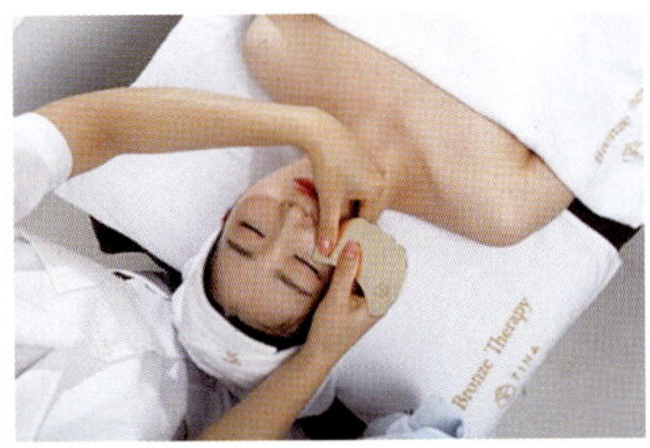

12. (바깥능선)으로 관골 - 삼차신경 - 팔자 주름 부위 - 구륜근 - 교근 - 얼굴 턱선 세밀하게 쓸어주기 - 승모근, 상완부로 빼주기

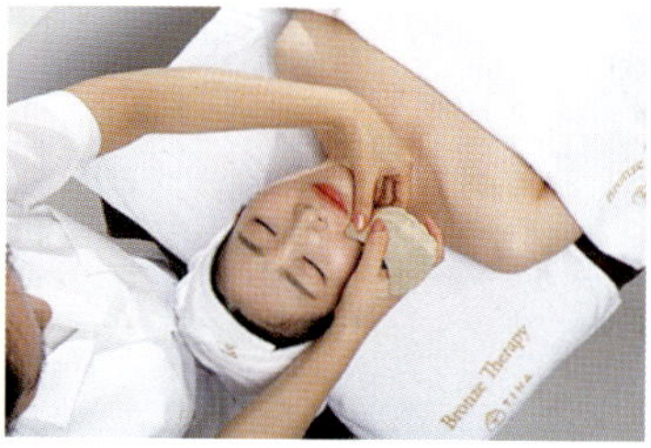
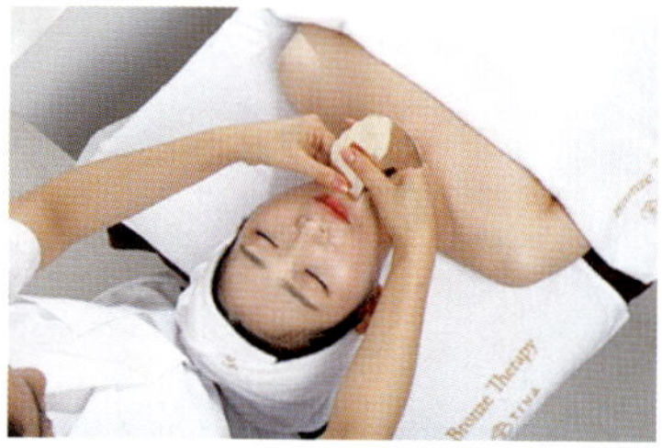
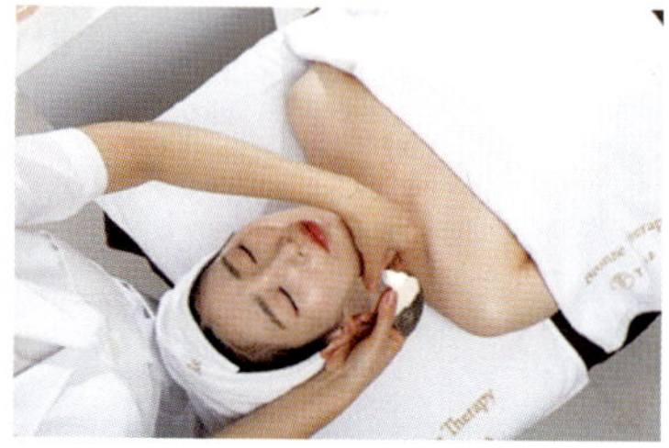

13. 반대편 시술 (6~12)

14. 손으로 마무리 동작

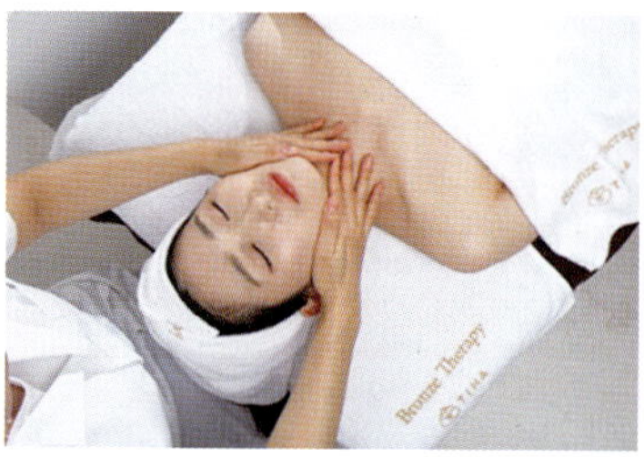
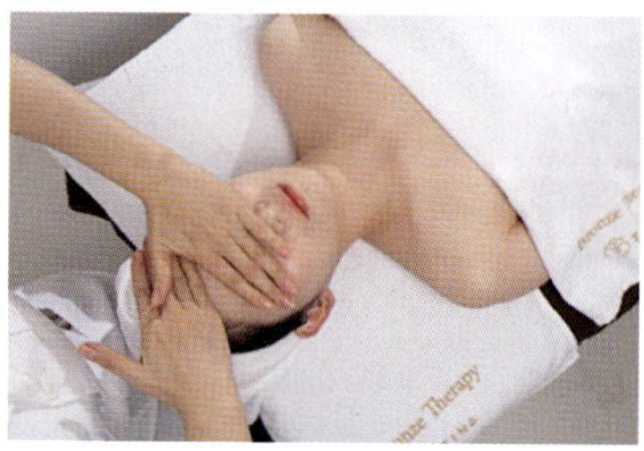
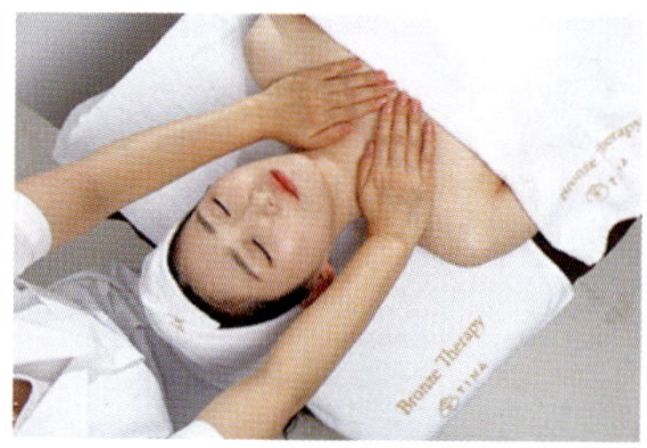

2 두피 관리

1. 두피 경혈점(신정 - 상성 - 신회 - 전정 - 백회) 지압하기

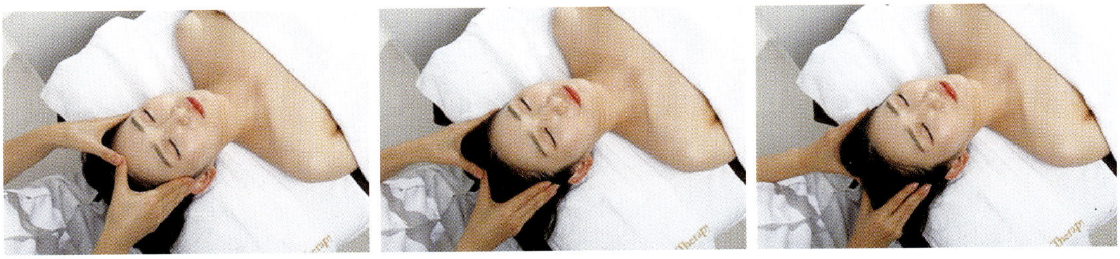

2. (손 전체)로 머릿결 따라 쓸어주기

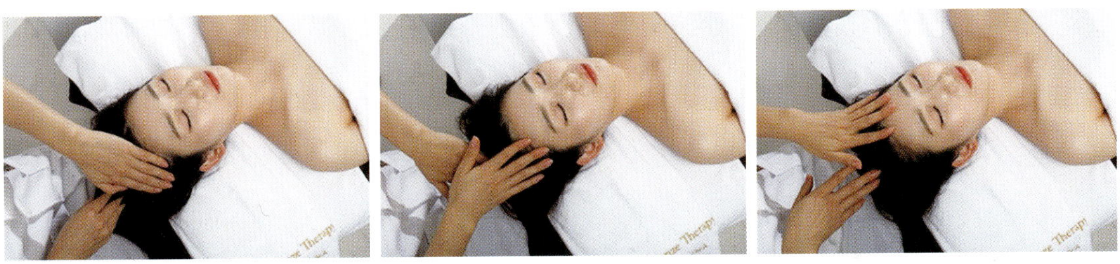

3. (손)으로 두피 전체 섹션 후 헤어토닉 도포 후 목을 옆으로 돌려주기

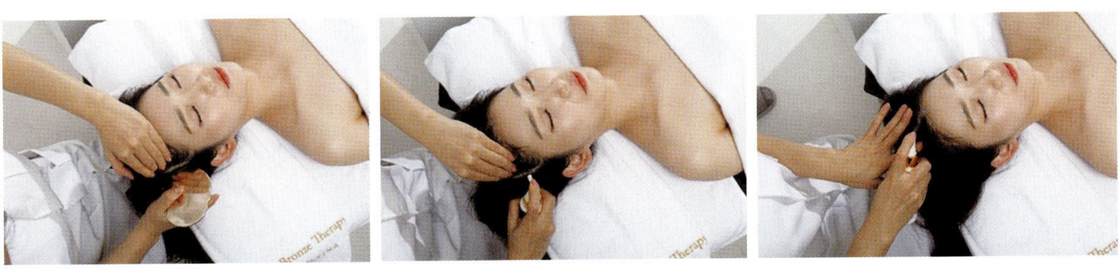

1) 브론즈 테크닉 (초승달 브론즈)

4. (봉우리)로 측두근 헤어라인 – 섹션 타면서 지그재그 풀어주기 - 후두부 헤어라인 풀어주기

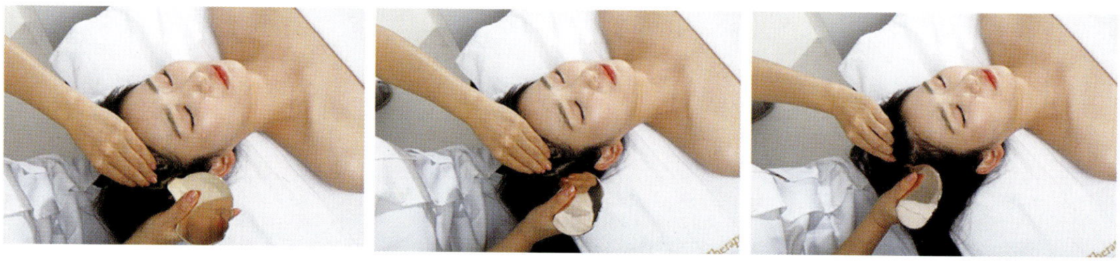

5. (꼭지)로 측두근 - 헤어라인 – 섹션 타면서 지그재그 세밀하게 풀어주기 – 후두부 헤어라인 세밀하게 풀어주기

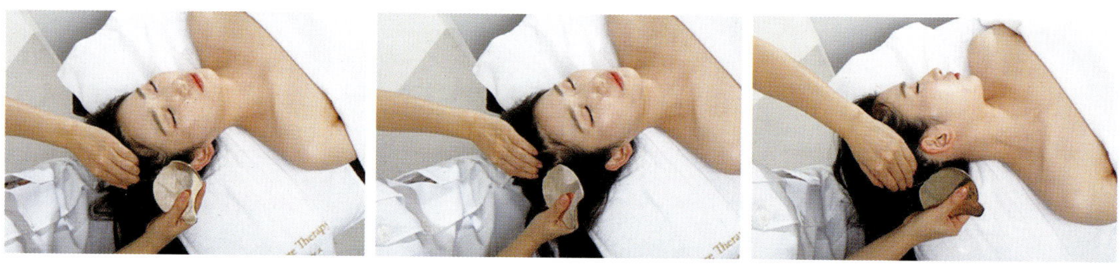

6. (안쪽능선)으로 흉쇄유돌근, 승모근, 견갑거근, 사각근, 뒷목 헤어라인 풀어주기

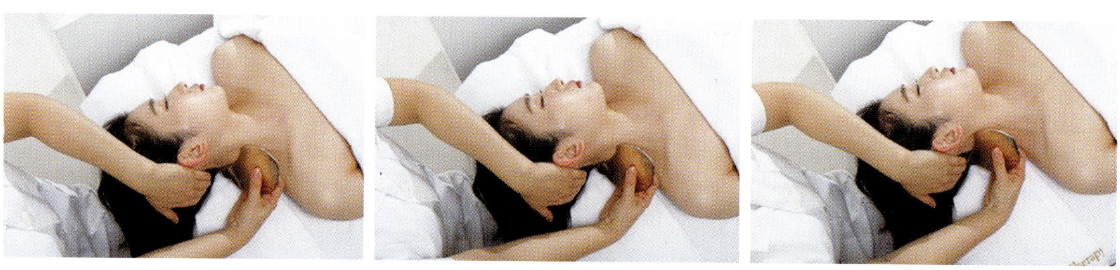

7. 반대편 시술 (4~6)

8. (손바닥)으로 전체 마무리 동작

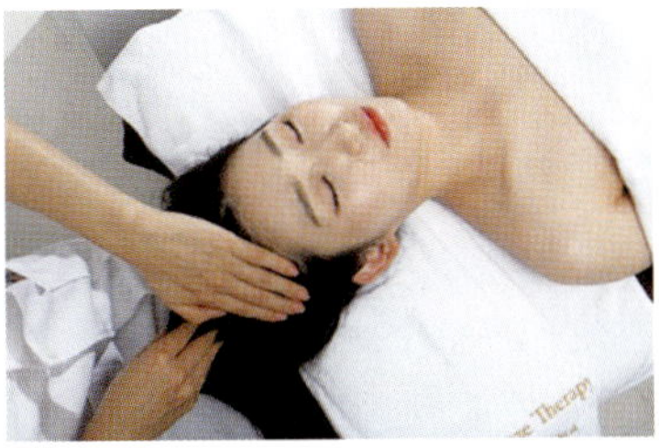 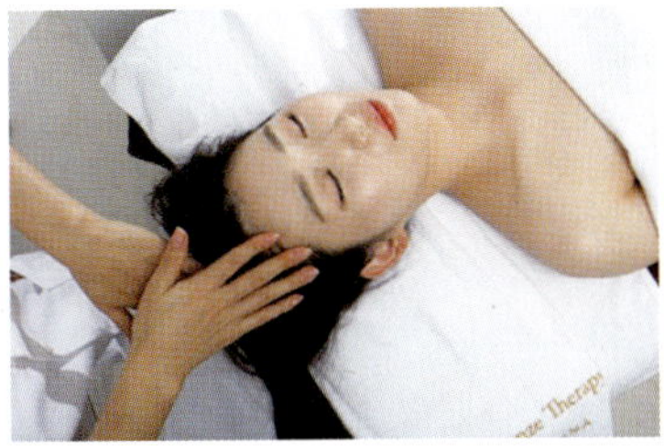 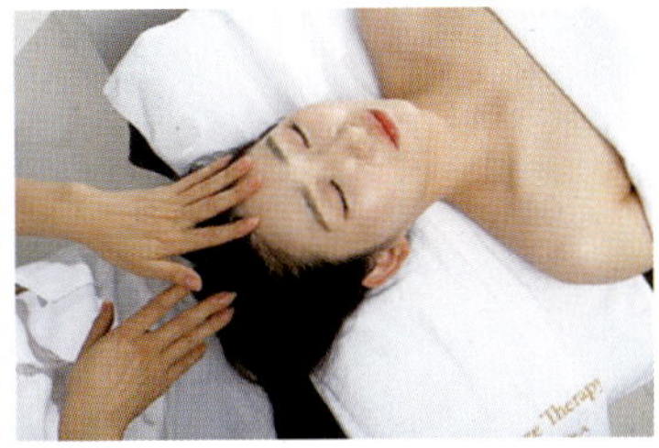

3 바디 관리 - 팔

1. (손)오일도포

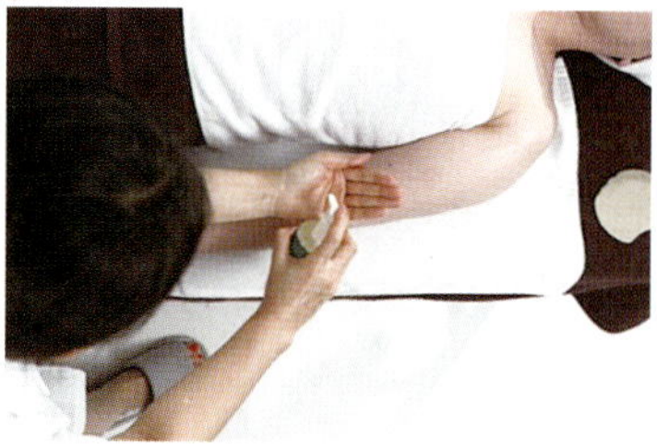
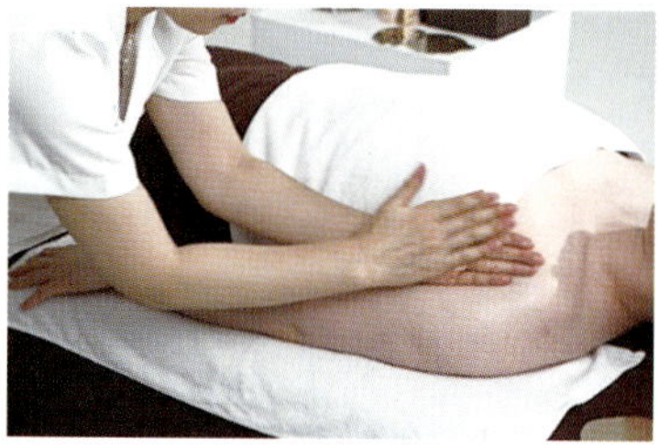
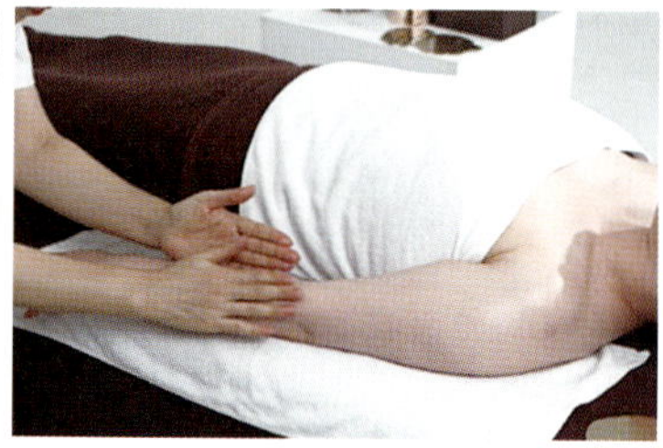

2. 전체 쓰다듬기

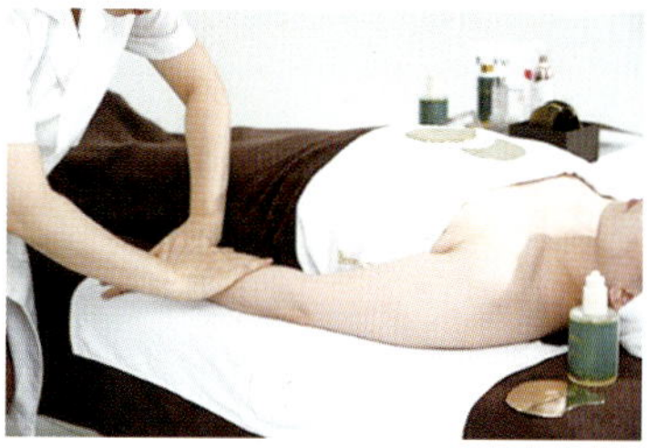
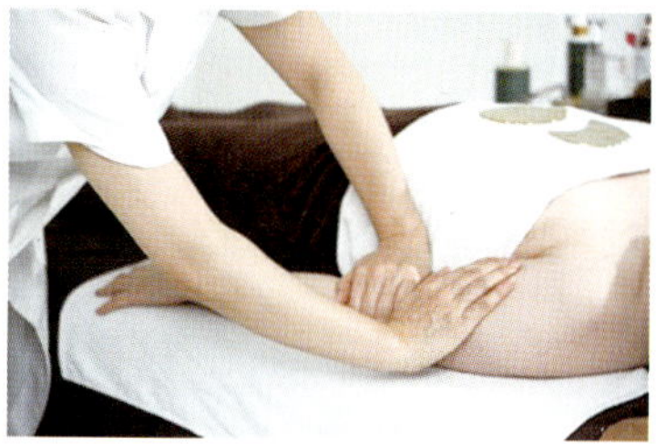
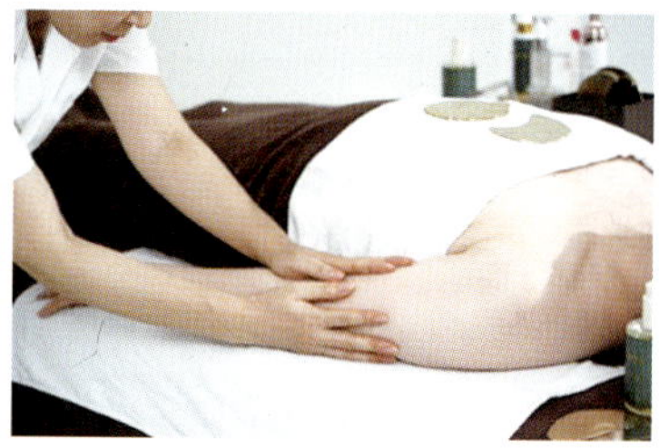

3. 외측 쓰다듬기(견봉 풀어주기)

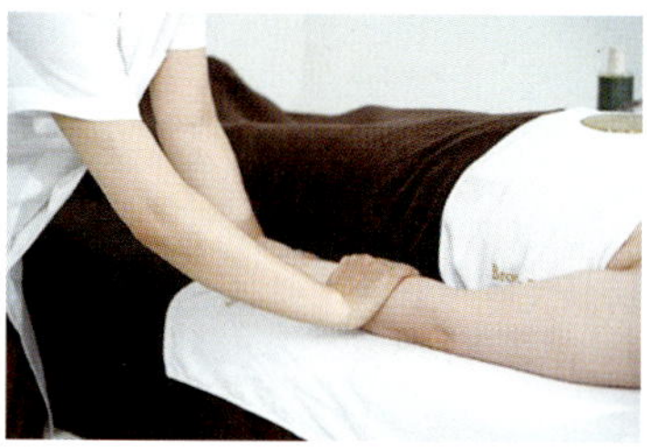
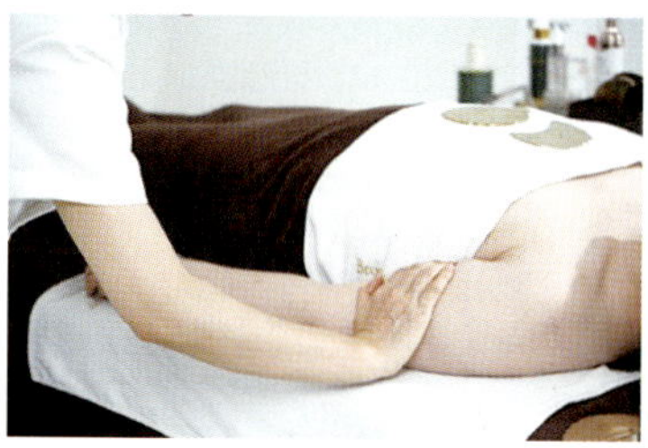
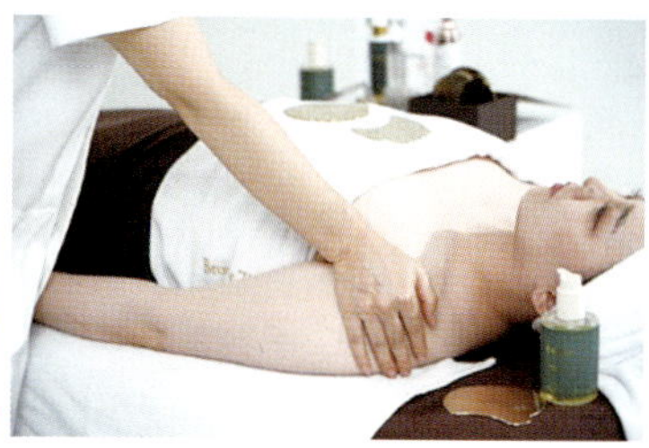

4. 내측 쓰다듬기(액와 풀어주기)

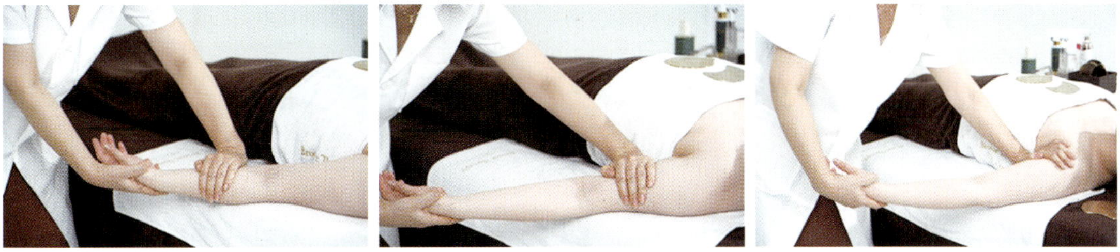

1) 브론즈 테크닉 (보름달 브론즈)

5. 팔 외측(봉우리)에서 승모근(안쪽능선)까지 문지르기

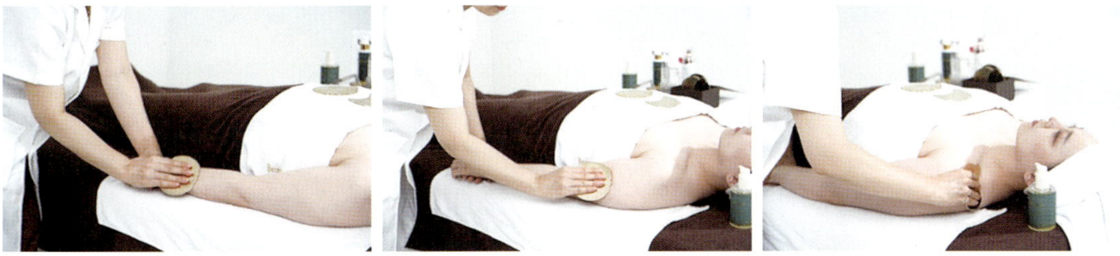

6. 팔 내측(봉우리)에서 액와(안쪽능선)까지 문지르기

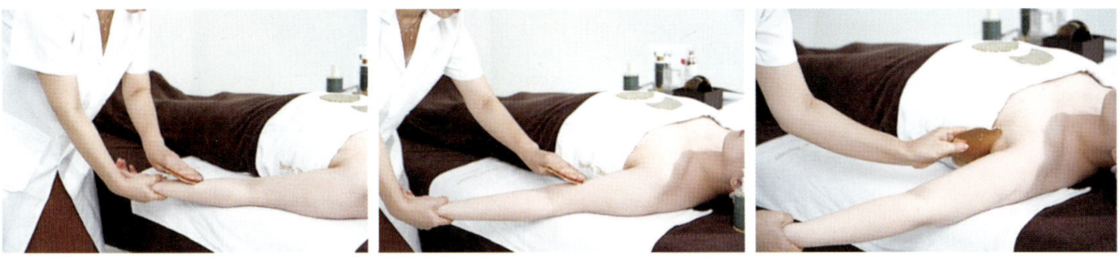

7. (봉우리)손등 중수골 문지르기 - (꼭지)로 합곡 자극하기

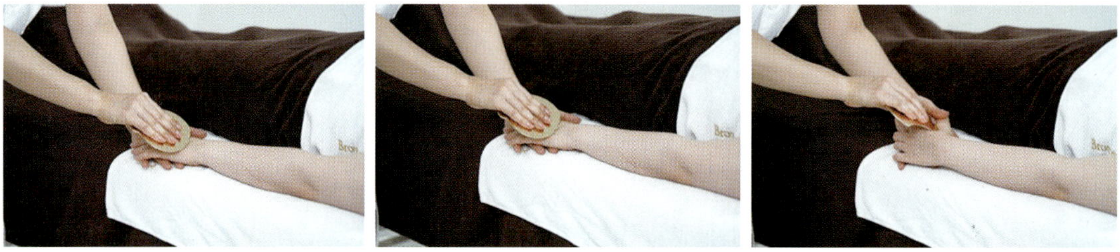

8. (봉우리)손바닥 문지르기 - (꼭지)로 노궁 자극하기

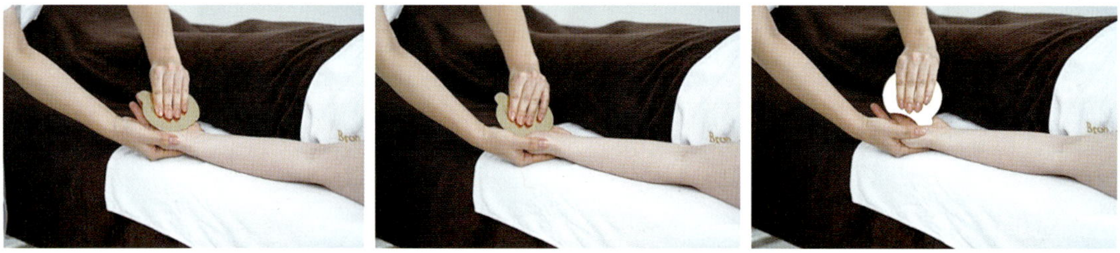

9. 손가락 빼준 후 깍지 끼우고 쓸어주듯 당겨주기

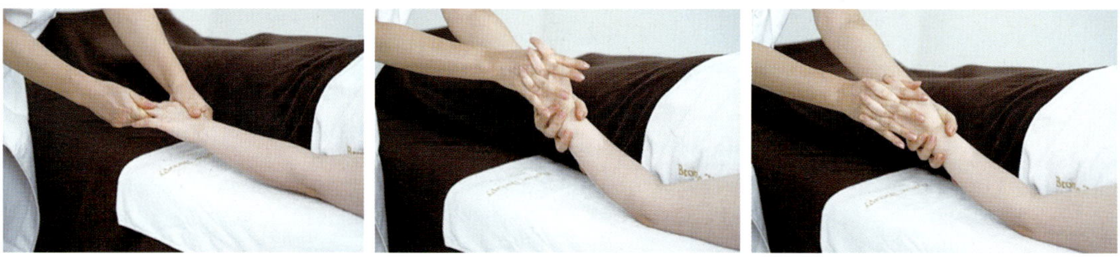

10. 양손으로 손가락 흔들기

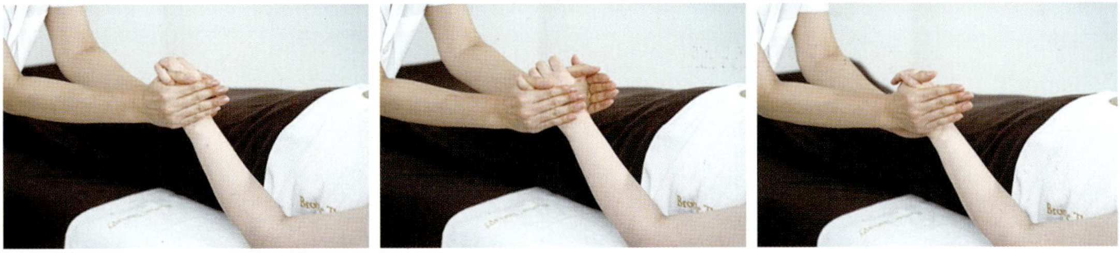

11. 전체 쓰다듬기 마무리

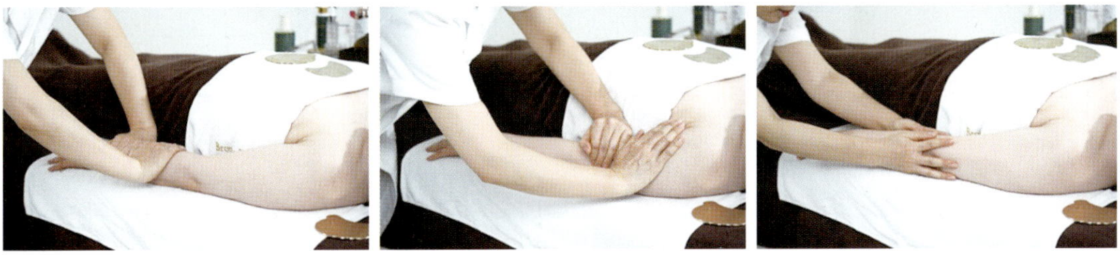

4 바디 관리 - 복부

1. (손)오일도포

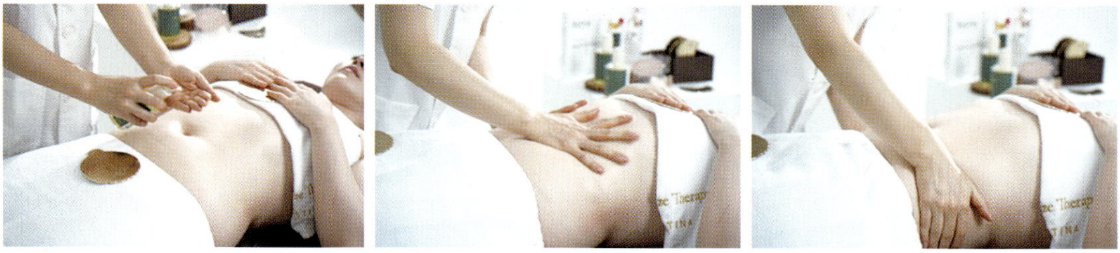

2. (손)전체 쓰다듬기 - 배꼽을 중심으로 시계방향으로 쓰다듬기

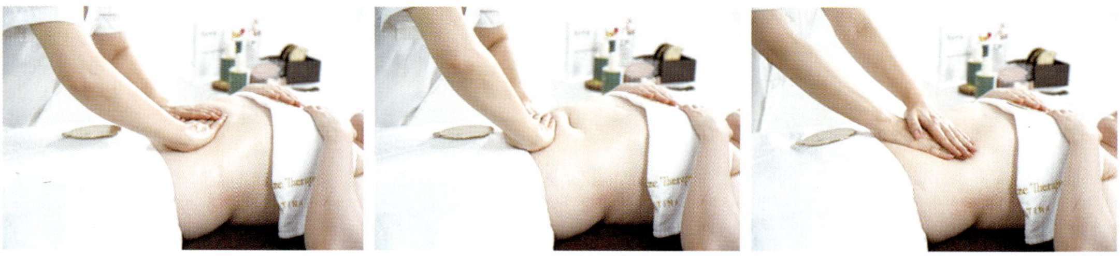

3. (손)마름모 모양 쓰다듬기

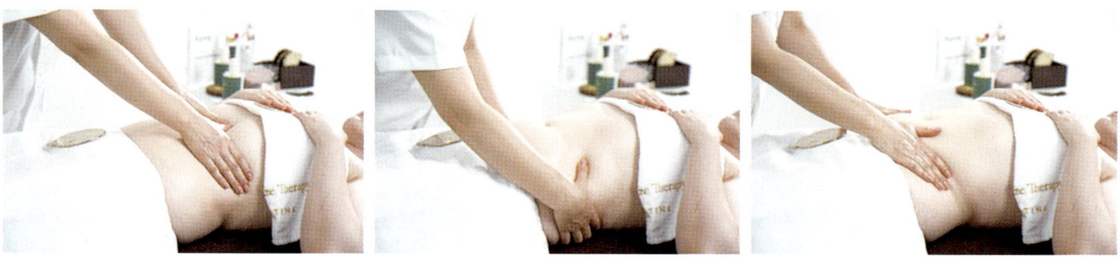

4. (손)옆구리 주무르기

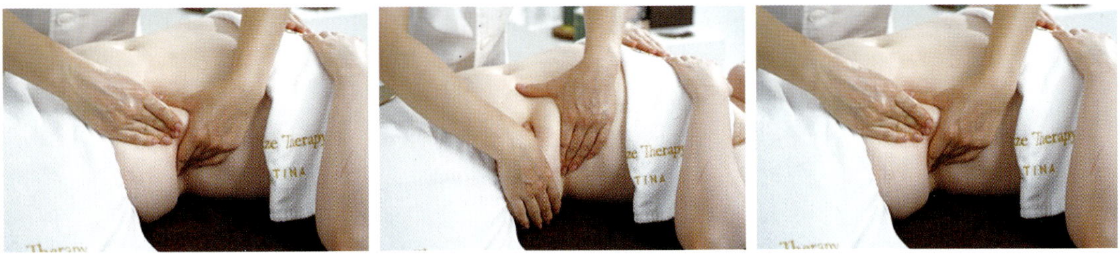

5. (손)복직근 가로 방향으로 밀고 당겨주기

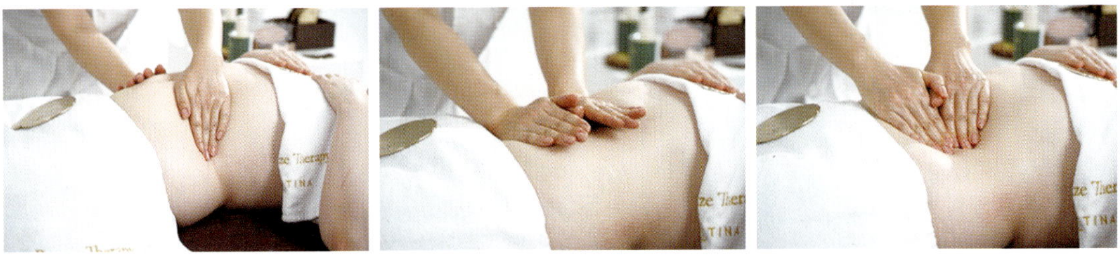

6. (손)두손 겹쳐서 배꼽 주변 지그시 원 그리기

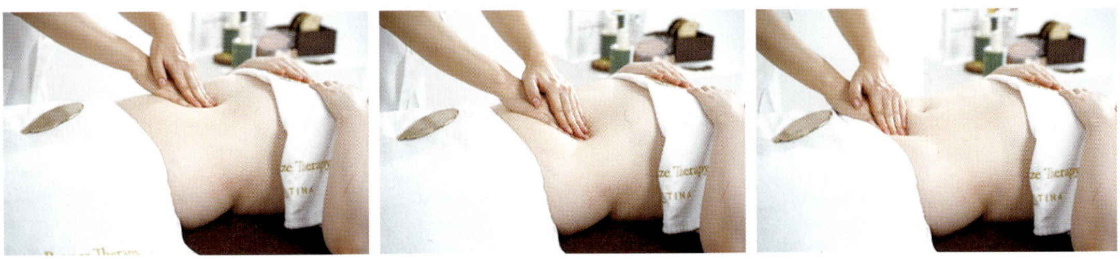

1) 브론즈 테크닉 (보름달 브론즈)

7. (보름달)봉우리로 명치에서 하단전까지 중앙선 쓰다듬기

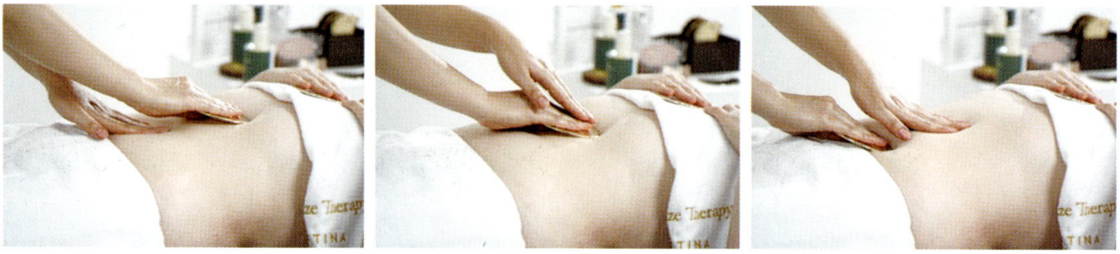

8. (보름달)봉우리로 배꼽 주변 지그시 시계방향으로 원그리기

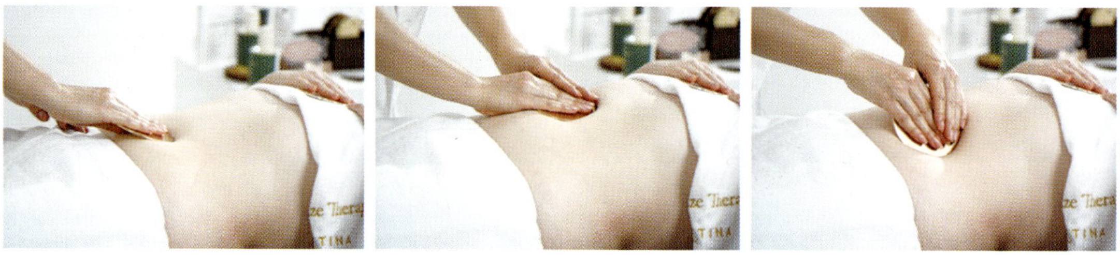

9. (보름달)봉우리로 늑골 마름모 모양 쓰다듬기

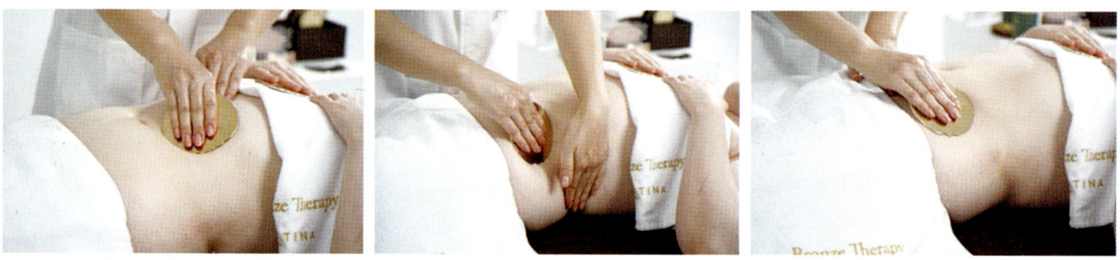

10. (보름달)봉우리로 복직근 밀고 당기기

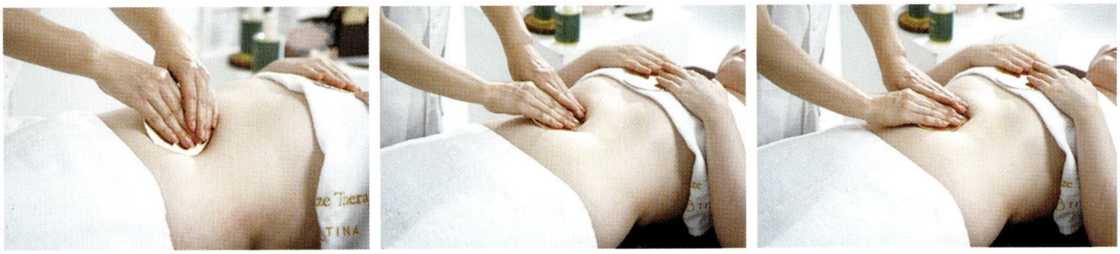

11. (보름달)꼭지로 배꼽 주변 지그시 시계방향으로 원 그리기

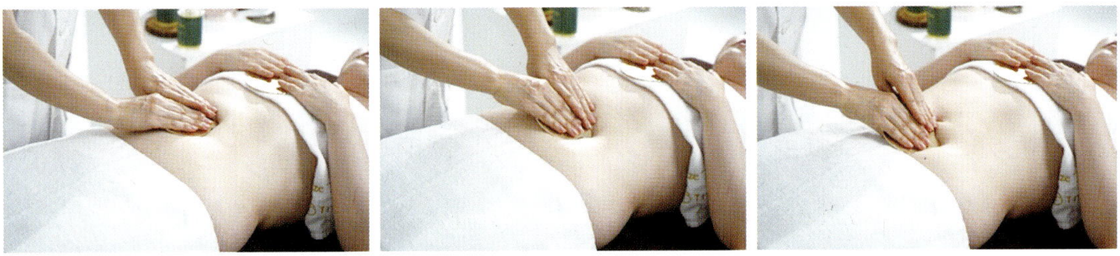

12. (보름달)꼭지로 명치에서 하단전까지 중앙선 쓰다듬기

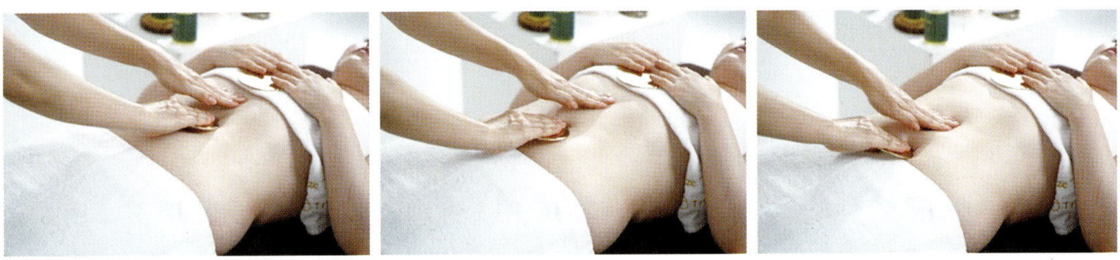

13. (손)마름모 모양 쓰다듬기

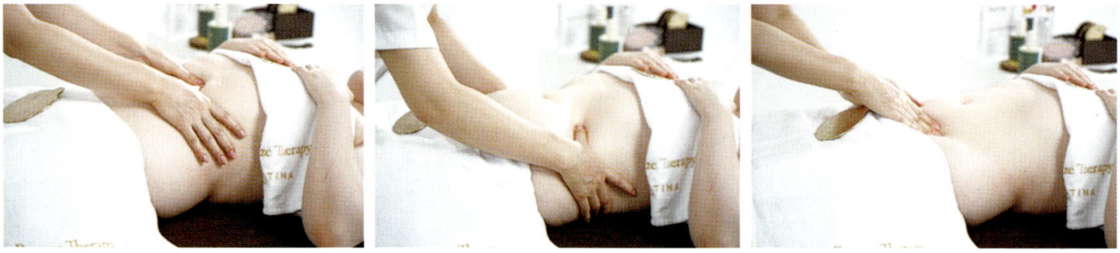

14. (손)전체 쓰다듬기 - 배꼽을 중심으로 시계방향으로 쓰다듬기

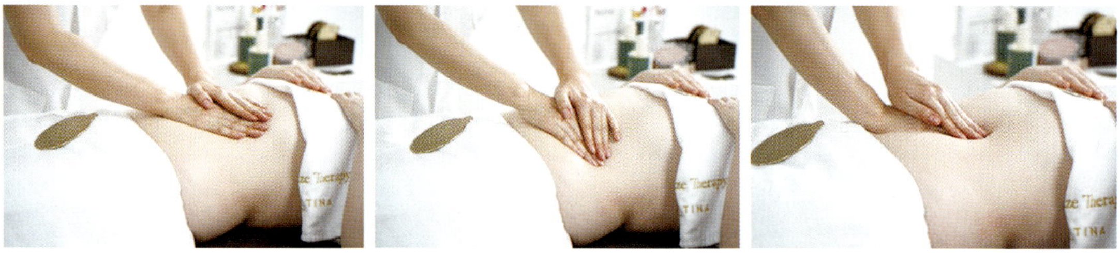

15. 두 손 겹쳐 배꼽 눌러서 호흡하기

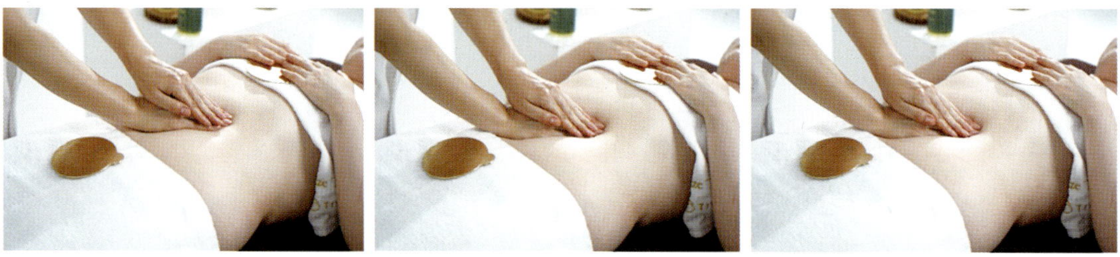

5 바디 관리 - 등

1) 고객 머리 위에서

1. (손)등 전체 오일도포

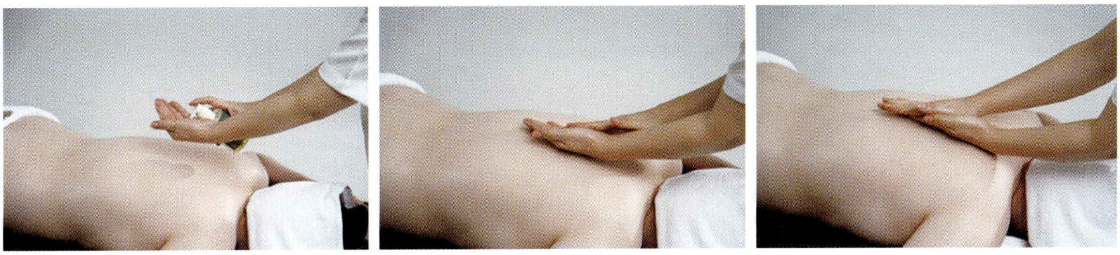

2. (손)전체 쓰다듬기 - 척추 기립근 전체 쓰다듬기

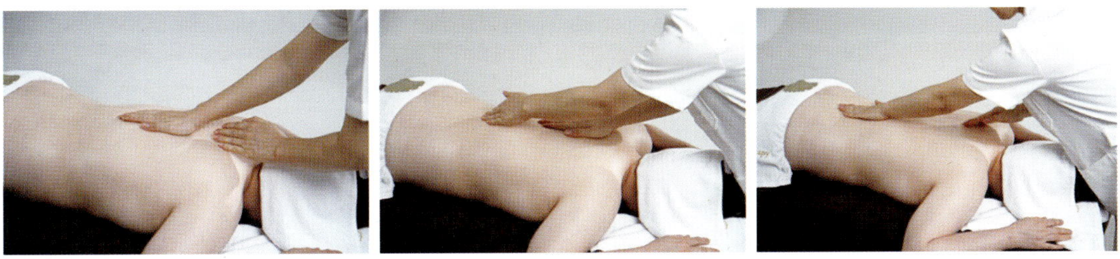

2) 고객 왼쪽으로 이동

3. (손)둔부에서 허리를 지나 어깨까지 쓰다듬기

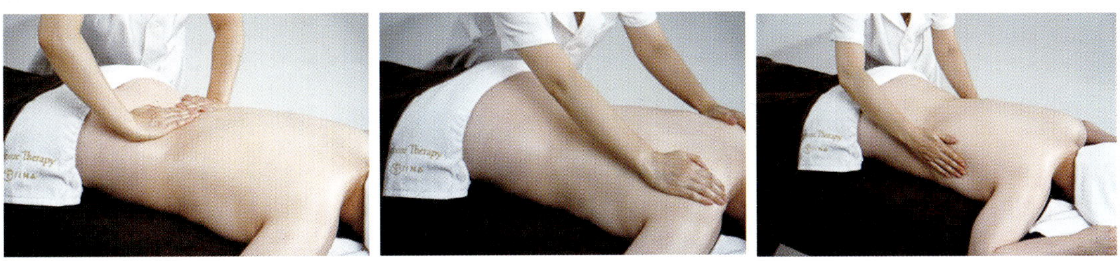

4. (손)어깨에서 둔부로 가로 8자 그리며 전체 쓰다듬기

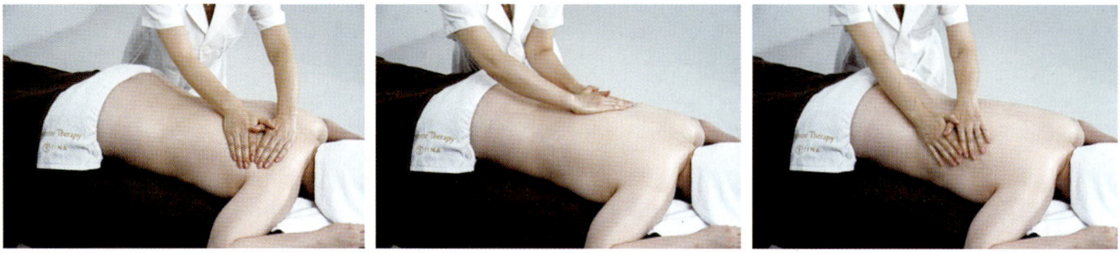

3) 브론즈 테크닉 (보름달 브론즈)

5. (보름달)봉우리로 왼쪽 세로 방향으로 둔부에서 어깨 - 승모근 - 견갑골 - 능형근 - 광배근 풀어주기

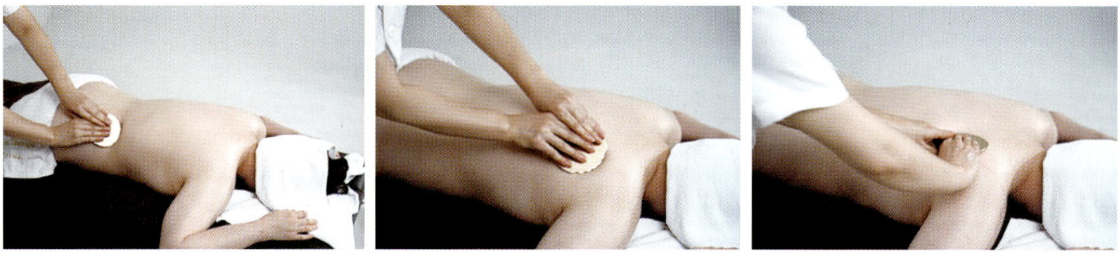

6. (보름달)봉우리로 오른쪽 등을 가로 방향으로 쓸어내리기

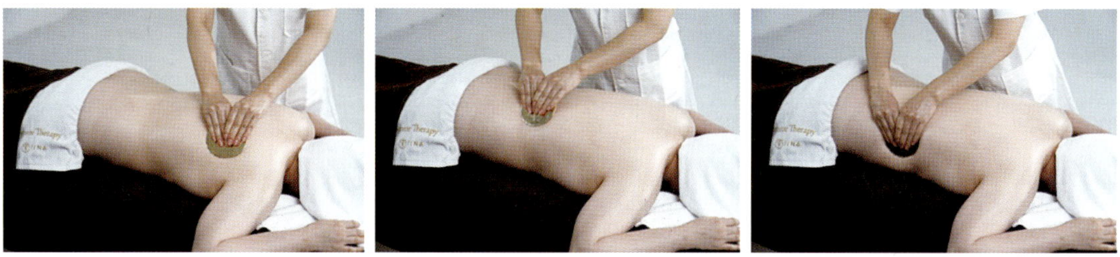

반대편으로 이동

7. 반대편 반복(3~6번)

8. 등 전체 쓰다듬기

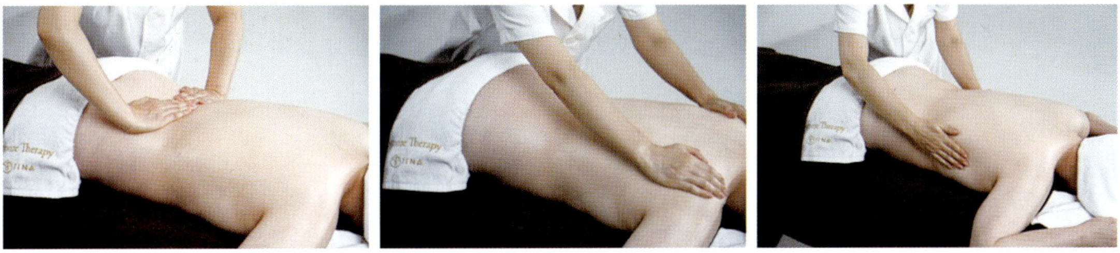

4) 머리 위로 이동

9. (초승달 안쪽능선)로 뒷목 - 승모근까지 풀어주기

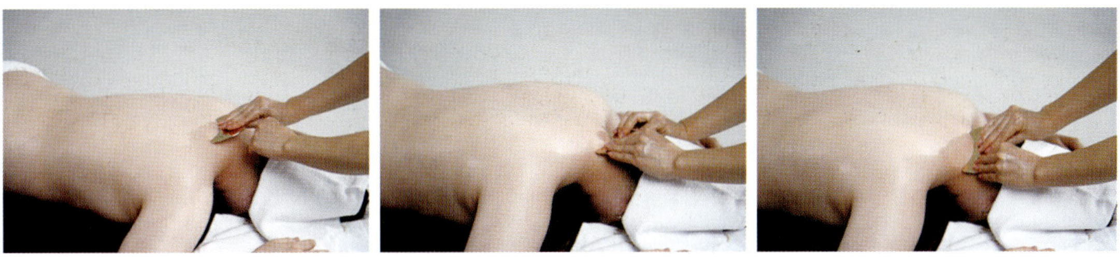

10. (봉우리)로 뒷목헤어라인(아문 - 천추 - 풍지 - 완골 - 예풍) 풀어주기

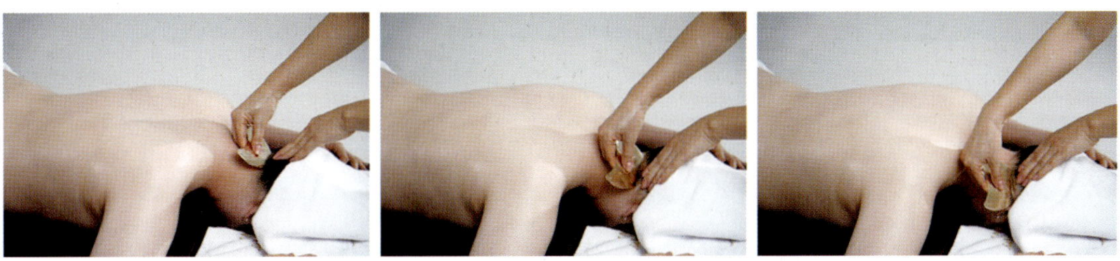

11. (손)전체 쓰다듬기 - 척추 기립근 전체 쓰다듬기

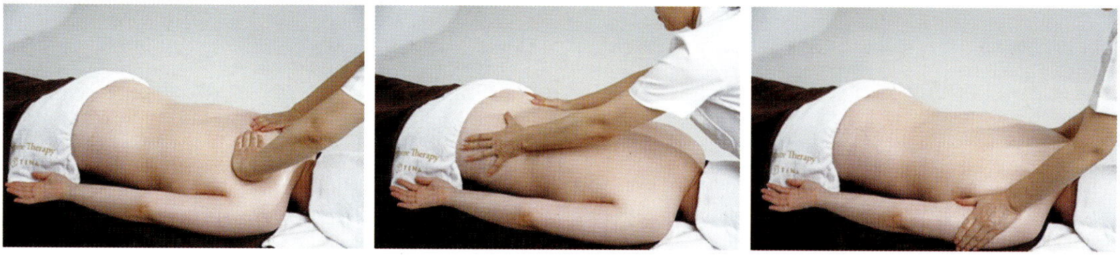

6 바디 관리 - 다리 후면

1. (손)다리후면 전체 오일 도포

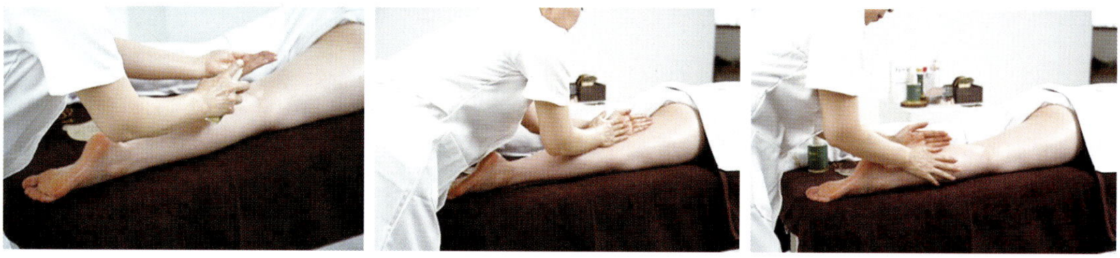

2. 발목부터 힙 - 발바닥까지 쓰다듬기

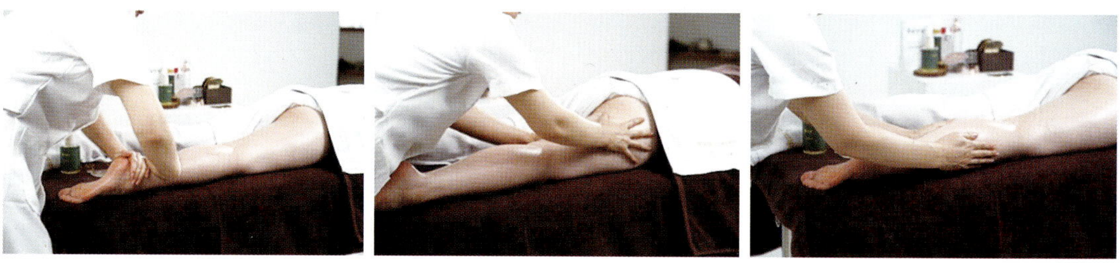

3. (손)다리후면 전체 발목부터 힙 - 발바닥까지 양손 교차 8자 쓰다듬기

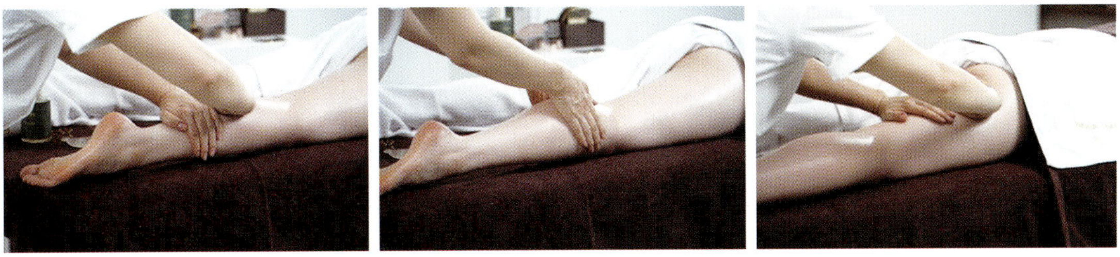

4. (손)다리후면 종아리 - 허벅지까지 가로로 반죽하기

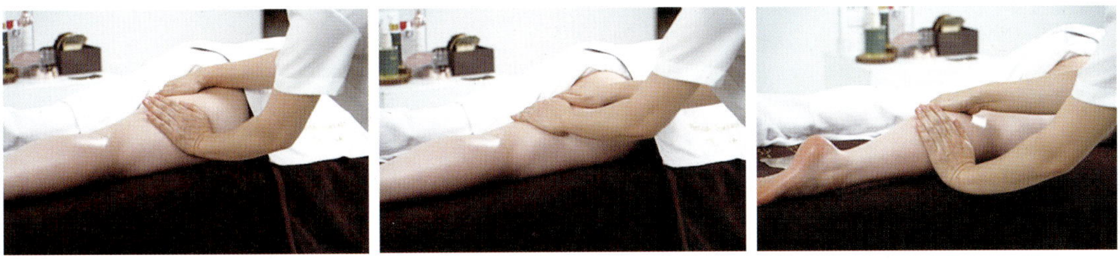

1) 브론즈 테크닉 (반달 브론즈)

5. (반달 봉우리)로 발바닥 쓸어주기

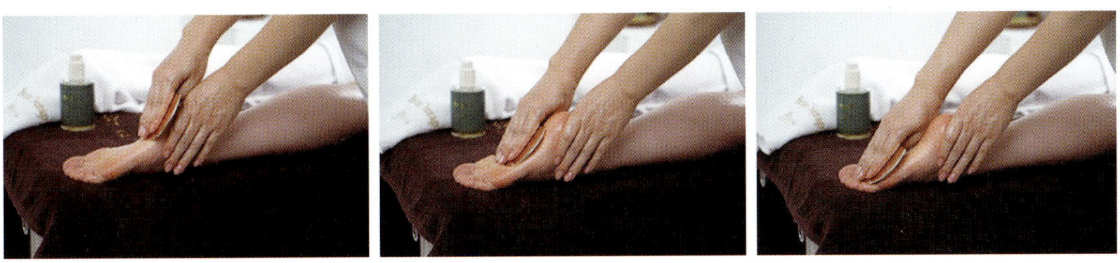

6. (꼭지)로 발바닥 (용천 - 소화기 - 생식기) 자극하기

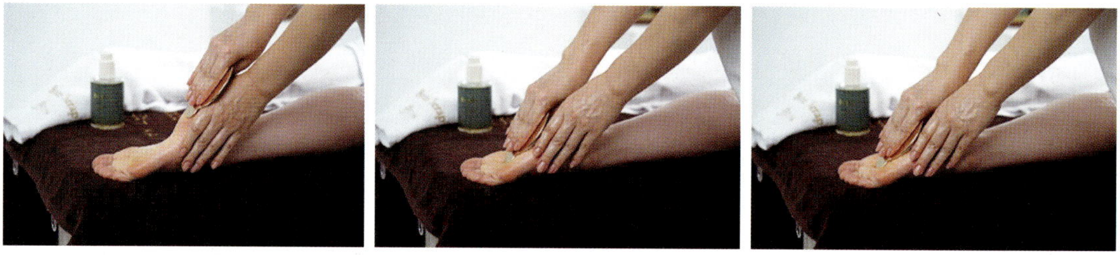

7. (안쪽능선)으로 발바닥 - 발뒤꿈치 풀어주기

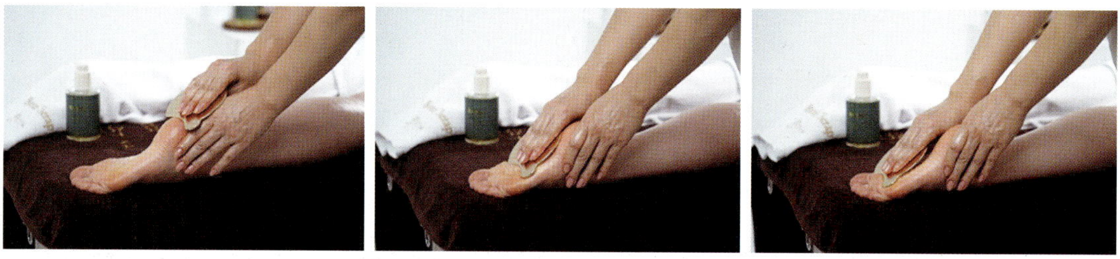

8. (안쪽능선)으로 종아리 - 허벅지 - 힙라인까지 쓸어올리기

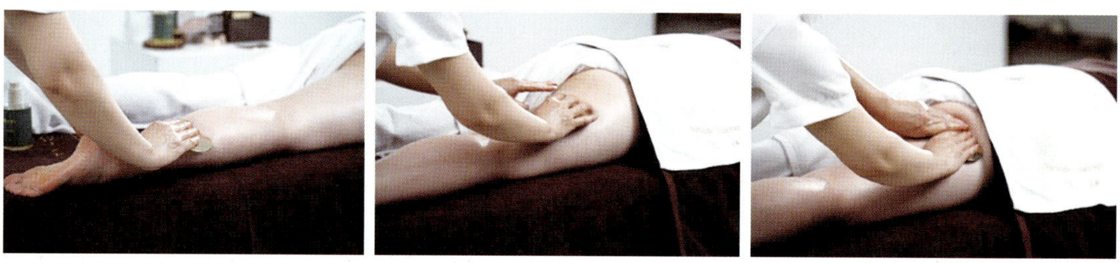

9. (봉우리)로 힙라인 세밀하게 쓸어주기(힙업동작)

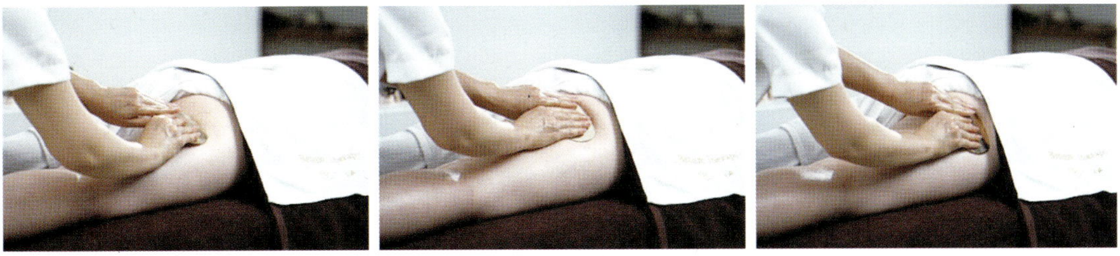

10. (손)다리 후면 전체 바이브레이션

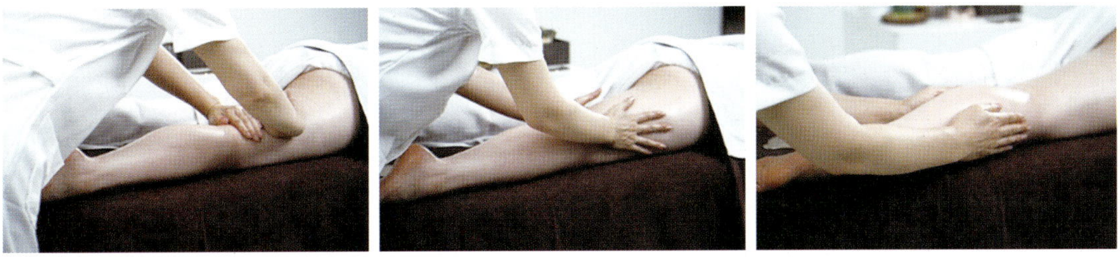

11. (손)다리 후면 전체 발목부터 힙 - 발바닥까지 쓰다듬어 마무리

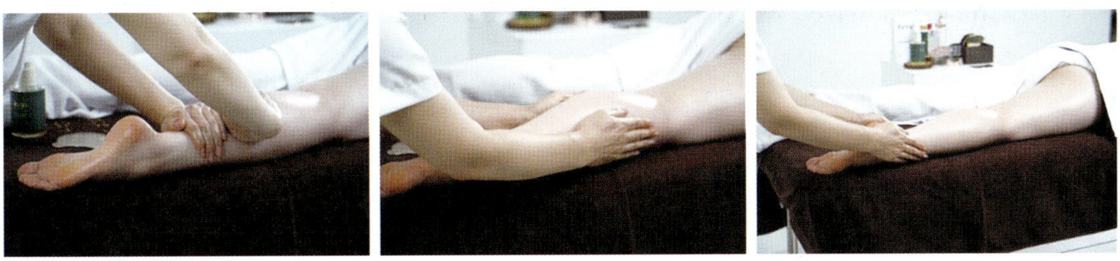

7 바디 관리 - 다리 전면

1. (손)다리전면 전체 오일 도포 - 발목부터 서혜부까지 쓰다듬기

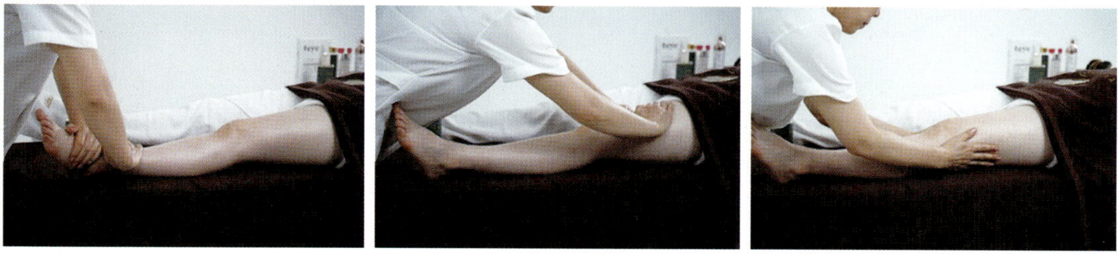

2. (손)다리전면 전체 발목부터 발목 - 슬개골(엄지 - 서혜부까지 양손교차 8자 쓰다듬기

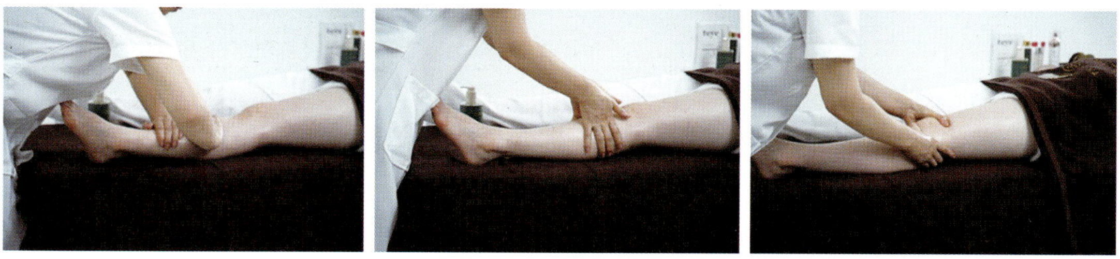

3. (손)다리전면 발목부터 서혜부까지 가로로 반죽하기

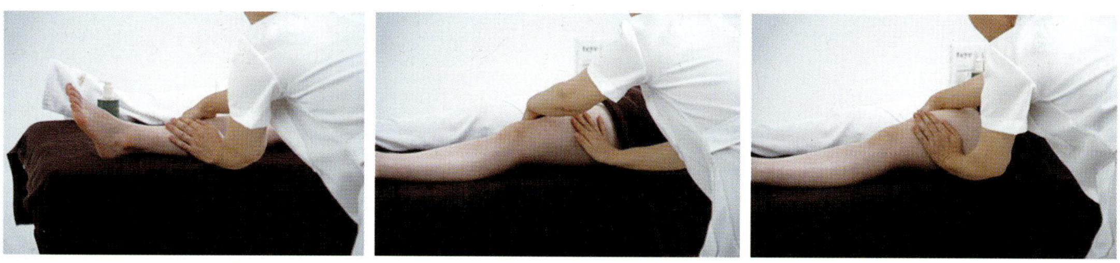

1) 브론즈 테크닉 (반달 브론즈)

4. (안쪽능선)으로 다리 외측 허벅지 - 발등까지 쓸어내리기

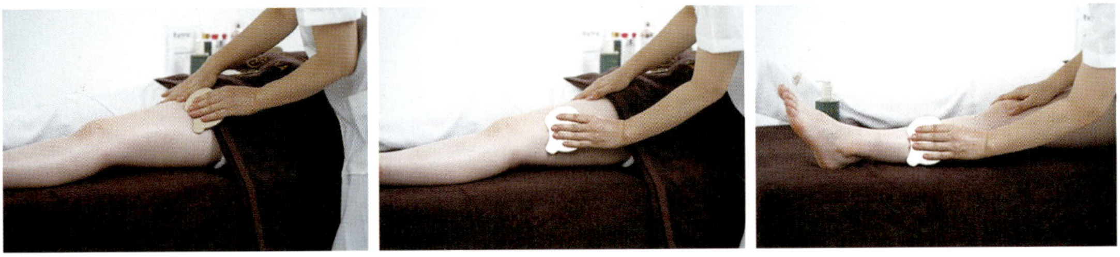

5. (반달 봉우리)로 발등(중족골) - 발가락 쓸어주기

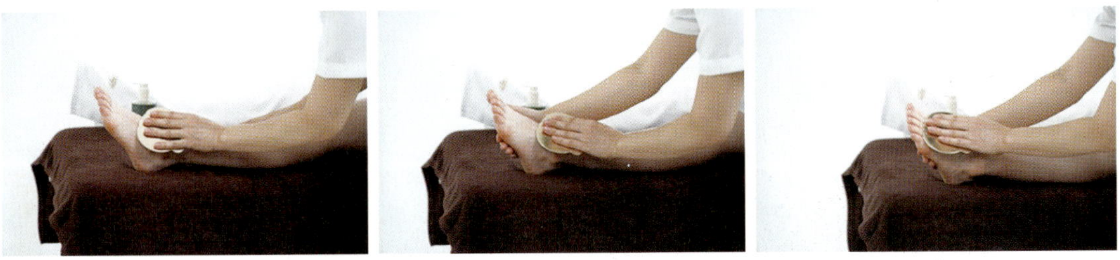

2) 다리 접어주기

6. (안쪽능선)으로 발바닥 - 종아리 - 서혜부까지 쓸어올리기

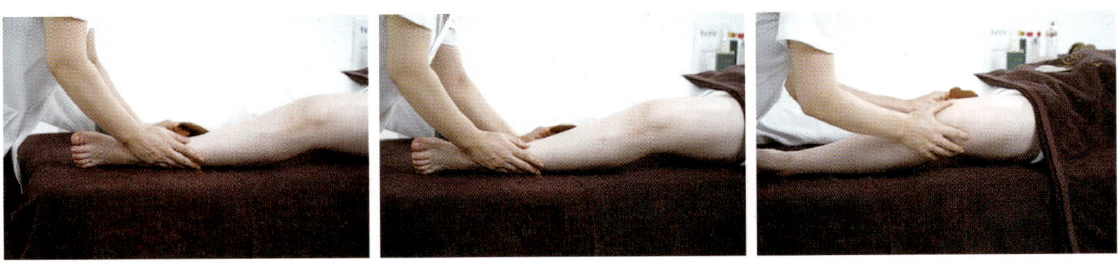

7. (반달 봉우리)로 허벅지 - 서혜부 세밀하게 풀어준 후 가로방향 쓸어내리기

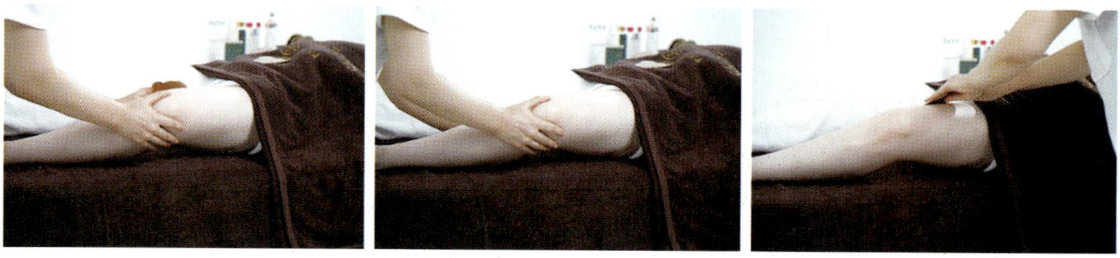

3) 다리 펴주기

8. (손)다리 전면 전체 바이브레이션

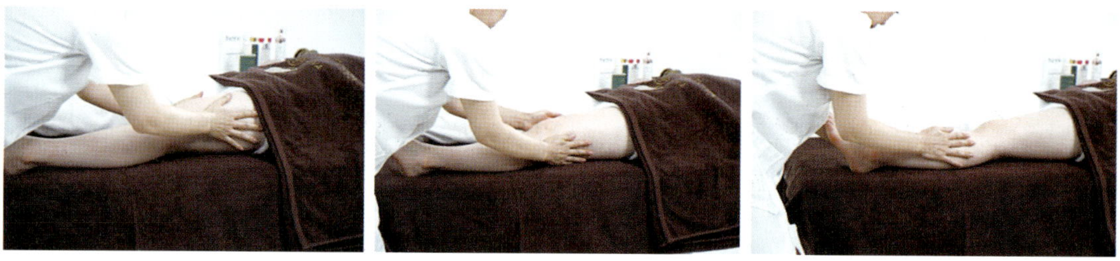

9. (손)다리 전면 발목부터 허벅지 - 발등까지 쓰다듬어 마무리

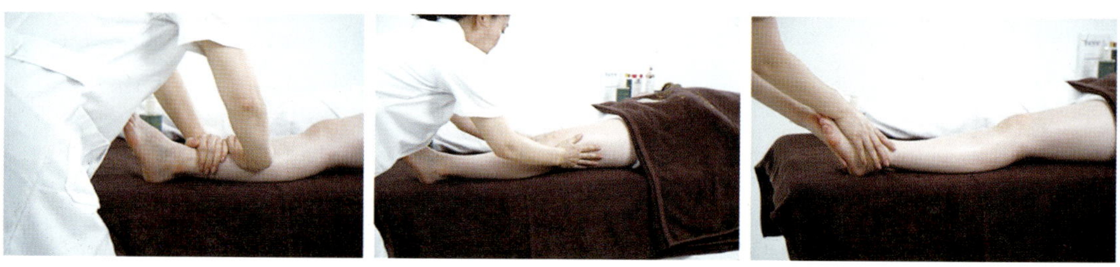